ずっと受けたかった
ソフトウェア
エンジニアリングの
新人研修 第3版

エンジニアになったら押さえておきたい基礎知識

日本電信電話(株)取締役
研究企画部門長
川添雄彦／監修

飯村結香子
大森久美子
西原琢夫／著

SHOEISHA

本書内容に関するお問い合わせについて

このたびは翔泳社の書籍をお買い上げいただき、誠にありがとうございます。弊社では、読者の皆様からのお問い合わせに適切に対応させていただくため、以下のガイドラインへのご協力をお願い致しております。下記項目をお読みいただき、手順に従ってお問い合わせください。

●ご質問される前に

弊社Webサイトの「正誤表」をご参照ください。これまでに判明した正誤や追加情報を掲載しています。

正誤表　https://www.shoeisha.co.jp/book/errata/

●ご質問方法

弊社Webサイトの「刊行物Q&A」をご利用ください。

刊行物Q&A　https://www.shoeisha.co.jp/book/qa/

インターネットをご利用でない場合は、FAXまたは郵便にて、下記"翔泳社 愛読者サービスセンター"までお問い合わせください。
電話でのご質問は、お受けしておりません。

●回答について

回答は、ご質問いただいた手段によってご返事申し上げます。ご質問の内容によっては、回答に数日ないしはそれ以上の期間を要する場合があります。

●ご質問に際してのご注意

本書の対象を越えるもの、記述個所を特定されないもの、また読者固有の環境に起因するご質問等にはお答えできませんので、予めご了承ください。

●郵便物送付先およびFAX番号

送付先住所　〒160-0006　東京都新宿区舟町5
FAX番号　　　03-5362-3818
宛先　　　　　（株）翔泳社 愛読者サービスセンター

※本書に記載されたURL等は予告なく変更される場合があります。
※本書の出版にあたっては正確な記述につとめましたが、著者や出版社などのいずれも、本書の内容に対してなんらかの保証をするものではなく、内容やサンプルに基づくいかなる運用結果に関してもいっさいの責任を負いません。
※本書に掲載されているサンプルプログラムやスクリプト、および実行結果を記した画面イメージなどは、特定の設定に基づいた環境にて再現される一例です。

※本書に記載されている会社名、製品名はそれぞれ各社の商標および登録商標です。

刊行に寄せて

　Industry 4.0、Society 5.0など広範なICT技術による大変革に見られるように、科学技術は急速な発展を続けています。ICTは、ビジネスや企業の在り方を含め、私たちの生活を大きく変化させてきました。

　近年、Internet of Things（IoT）や人工知能（AI）などは、実社会や実産業にその事例が見られる段階に入っています。その実現に必須なのは、通信回線、ハードウェアであり、クラウドサービスでありますが、それぞれを有機的に連携させ、最適化する必要があります。

　このように新しいサービスや仕組みを創り上げるためにはソフトウェアが欠かせず、経済活動の効率化や社会生活の利便性向上に大きな役割を果たしています。その一旦で、事故を起こすと、社会に大きな影響を及ぼすことになり、スピード感を持ちつつ、安全で安心なソフトウェアを開発する手法が求められています。

　一方で、ソフトウェア技術者の不足は、わが国のソフトウェア業界が直面している課題であり、労働集約的な人海戦術による開発がいまだ定常化しつつある状況において、ソフトウェア技術者育成は企業における課題でもあります。

　本書は、2009年に当時のNTT情報流通基盤総合研究所が新入社員を対象に整理した内容で第1版が出版されてから10年の間、多くの方々に様々な分野で広く活用いただいてきました。NTTの研究所では、毎年、研修内容を改善しており、2014年に改訂した第2版から4年の時を経て、第3版を出版することになりました。本改訂では、昨今、クラウドサービスやスマートフォンの普及に伴いアジャイル型開発プロセスを用いたアプリ開発などの需要も多くあることから、ソフトウェア開発の基本的作法に加えて、アジャイル型ソフトウェア開発プロセスについても、従来の開発プロセスとの比較を通して、わかりやすく、要点を伝えています。これまで同様、ソフトウェア開発の全体像を伝えつつ、学生時代に実施してきた個人的な

プログラミング作業と、企業におけるソフトウェア開発の相違をわかりやすく解説することを心掛けた内容となっています。各作業工程における指標やノウハウ、プロジェクト全体のマネジメントなども網羅しており、ソフトウェア開発に携わったことがある人にも、その意義と時代とともに変わる環境を確認していただける内容となっています。

また、もう1つの大きな特徴として、10年間で得た受講者との質疑から得た研修講師の気づき、受講者の誤解、理解の事例など、研修を進める上でのノウハウも多く詰め込まれており、講師と受講者の対話形式での展開は、受講者に可能な限り、自主的に考える姿勢を身につけてもらいたいという願いが込められています。どのような状況下におかれても、なぜ? と立ち止まり考える思考が、新たな価値創造につながります。

これからの時代を担う皆さんには、ソフトウェアが解決すべき社会的課題を意識し、常に、利用者目線で想像力豊かに、自ら考えて行動する姿勢で取り組んでほしいと願っています。

本書が、企業に限らず、研究機関、教育機関で広く活用され、わが国のICT産業を支えるソフトウェア開発技術者育成につながることを強く願います。

日本電信電話株式会社 取締役 研究企画部門長

川添 雄彦

◎ 推薦のことば1

「あなたに寄り添うソフトウェアエンジニアリング教育の入門書」

　ここ数年、ディープラーニングに代表される人工知能（AI）やそれを活用したコンピュータ将棋・囲碁など技術の進展は目覚ましいものがあります。これらは、皆、ソフトウェアの世界で実現されている事象です。このような状況の中で、ソフトウェア産業界は人材の不足がさらに顕著になってきており、ソフトウェア開発人材の育成は急務です。

　本書の第1版は、当時のNTT情報流通基盤総合研究所にて新入社員を対象に実施したソフトウェア開発研修の内容を著者らがまとめ、2009年に出版されました。それから今日までの間、著者らは、技術の進展に研修内容を常に対応させつつ、イノベーションを創起する中核技術であるソフトウェアの開発力を格段に向上にさせるために必要な知識や技能を、自らのグループに対して研修という形で実践を続けてきました。

　実際、産業界での現場に密着したノウハウを教科書として提供するという斬新な企画によって実現したシリーズ本「ずっと受けたかった」は、企業等におけるソフトウェア開発現場の方々に大変有用であるのみならず、産学連携による人材育成という観点から大学におけるソフトウェア教育においても一石を投じ続けています。

　本書の4年ぶりの改訂は、ソフトウェア開発現場からの声に応えるものであり、アジャイル型開発プロセスにも触れ、今や、様々な場面において、スピーディに価値を提供、改善することが求められる時代の流れにマッチした、真のソフトウェア技術者養成に最適な書と言えます。

　初版同様、本書を読み進めていると、登場する講師から投げかけられる質問におのずと回答してしまうほど、絶妙のタイミングで質問が投げかけられ、まるで研修教室

の実況中継が目の前で繰り広げられているかのようです。また、ソフトウェア開発の手順や各工程の作業内容や成果物の作成手順について、受発注関係を明確に示しながら、システム提案から受入テストまで順を追って丁寧に、かつ、可能な限り平易な言葉で説明してあるため、初心者であっても本書に引き込まれていくことでしょう。まさに、あなたに寄り添うソフトウェアエンジニアリング教育の入門書となるものです。

　本書による入門教育を通して、ソフトウェア開発における基本的知識や作法を身につけた上で、実戦経験を積むことが、知識や作法の深い理解と、真の意味での開発技能の習得に結びつくものと確信しています。本書が、多くのソフトウェアエンジニアリング教育に活用されることで、わが国を支える高度な技能を有するソフトウェア技術者が数多く輩出されることを願ってやみません。

国立大学法人大阪大学総長
一般社団法人情報処理学会会長
西尾章治郎

◎推薦のことば2

「若手ソフトウェア技術者必読の名著」

近年、企業におけるソフトウェア技術者の実践的な技術力不足が叫ばれ、産学官で様々な取り組みがなされてきました。私も、IPAのソフトウェア・エンジニアリング・センター所長として2004年から5年間にわたり、プロジェクトデータの収集と分析、ソフトウェア開発プロセス改善、プロジェクトの見える化など、わが国のソフトウェアエンジニアリング力を向上させる施策を推進してきました。

また、2003年から高知工科大学という大学教育の場で実践した内容は、翔泳社から『ずっと受けたかったソフトウェアエンジニアリングの授業』として出版し、多くの方々に読んでいただきました。あわせて、この書籍を用いて教育を行うためのFD（Faculty Development）活動を継続して実施してきました。

最近は、より創造的な発想や活動ができる人材を育てたいというニーズが高まってきました。特に、研究開発や先進的な技術を開発する企業では、技術者の自主的な思考力の向上を期待しています。

本書は、NTT研究所の新入社員を対象にしたソフトウェア開発のPBL（Project Based Learning）研修の内容をまとめたものですが、次のような特徴があります。

◎常に「なぜ」を考えながらPBLを進めることにより、受講者は受け身ではなく、自らが考えるようになっている

◎ソフトウェアエンジニアリングの幅広い領域を俯瞰しながら技術が身につくようになっている

◎新入社員の皆さんは、入社して新しく聞く企業独特の言葉にとまどいますが、それを上手に解消できるようになっている

ソフトウェアエンジニアリングについては、品質管理の考え方など数十年前から変わらない知恵もあります。本書では、そのような先人の知恵と新しい技術を巧みに融合してあります。本書を読めば、きっと同僚だけではなく、先輩とのコミュニケーションも円滑になると思います。

　さらに、私が入社したときは、学生時代のテストと異なり、仕事の課題には必ずしも答えがないことにとまどいましたが、本書の演習課題は、まさしく答えのない課題です。10人が考えると、10とおりの答えが出てくるでしょう。この演習課題に真剣に取り組むことで、レベルの高いスキルが身につくとともに、考える技術者になれるでしょう。

　今回、研修内容の改善結果を反映するとともに、近年適用が進んでいるアジャイル開発の研修も追加され、より実践的になりました。

　本書は、他の企業でもそのまま活用できるように汎用的な内容になっています。また、専門学校や大学でソフトウェアエンジニアを目指す人には、企業の活動内容を垣間見ながらスキルアップができる最適な書籍であると思います。

　このような書籍がたくさん世の中に出て、わが国の技術力向上に貢献することを期待しています。

学校法人・専門学校　HAL東京、HAL大阪　校長
一般社団法人電子情報通信学会　フェロー
一般社団法人情報処理学会　フェロー

鶴保 征城

[もくじ]

刊行に寄せて　iii
推薦のことば1　v
推薦のことば2　vii

オリエンテーション　001
研修の進め方　002

第1部：ソフトウェア開発の基礎知識...005

第1章　ソフトウェア開発とは?...007

01　ソフトウェアエンジニアリング　008
ソフトウェアエンジニアリングとは？　008
ソフトウェアエンジニアリングの始まり　009
構造化　010
ソフトウェア開発の「管理技術」　011
オブジェクト指向の登場　012
アジャイル開発モデル　012

02　開発における分析と設計　014
システムの設計　014
分析と設計　014
分析・設計の進め方　016

03　開発の工程と成果物　018
開発プロセス　018
各プロセスの役割と成果物　019

04　代表的な開発モデル　021
開発モデル　021
ウォータフォール型　021
スパイラル型　023
アジャイル型　025

第2章 基本的なルール...029

01　作業標準の必要性　030
開発後には保守・運用を行う　030
作業の標準化と作業標準　030

02　用字と用語　036
分析・設計の結果は文書に残す　036
用字と用語を統一する理由　037
分野による用字と用語の違い　038

03　工程の名称と作成文書　041
ウォータフォール型における工程名称・区分の違い　041
作成する文書と記述項目　043

04　チャート記法　046
UML　046
アクティビティ図　050
フローチャート　050
状態遷移図（状態マシン図）　053
DFD（Data Flow Diagram：データフロー図）　054

第2部：ウォータフォール型開発モデルでの開発...057

第3章 開発プロセスと要求定義・要件定義...059

01　要求定義と要件定義　060
要求定義と要件定義　061
要求定義と要件定義の違い　062
要求定義と要件定義を区別するコツ　064
要求定義と要件定義で重要なこと　064

02　機能要求と非機能要求　065
要求は機能要求と非機能要求でとらえる　065
機能要求の範囲・非機能要求の範囲　066

顧客への説明・提案（システム提案書）　068

03 | **要件定義書の記述項目と記述例　072**

要件定義書の作成手順　072

要件定義書の記述項目とポイント　074

要件定義書の具体的なイメージ　076

第4章　設計...085

01 | **外部設計　086**

外部設計とは？　086

外部設計書の作成手順　087

業務フローの作成　088

サブシステムへの分割　089

画面レイアウトや帳票レイアウトの作成　089

コード設計　090

論理データ設計　091

システムインタフェース設計　093

外部設計書としてまとめる　094

レビュー　094

02 | **外部設計書の記述項目と記述例　096**

外部設計書に含める項目　096

03 | **内部設計　106**

内部設計の目的　106

プログラムの部品化　108

構造化設計　108

構造化設計のメリットとデメリット　109

内部設計書の作成手順　110

画面の詳細設計　111

帳票の詳細設計　111

外部インタフェースの詳細設計　111

処理ロジックの詳細設計　111

リクエスト処理の詳細設計　111

メッセージの詳細設計　112

物理データ設計　112

内部設計書としてまとめる　113

レビュー　113

04 | 内部設計書の記述項目と記述例　114

内部設計書に記述する項目　114

記述項目と個別設計との対応　115

第5章　製造とテスト...125

01 | 製造工程　126

製造工程とプログラミング　126

プログラミング　127

ソースコードレビュー　127

単体テスト　129

02 | コーディング規約　131

規約を設ける理由　131

実際のコーディング規約　131

コーディング規約の例　133

03 | 単体テスト　136

ホワイトボックステスト　136

フローグラフでテストデータを作る　137

ドライバとスタブ　140

04 | テスト工程　143

結合テストと総合テスト　143

テストと設計工程（上流工程）の関係　143

05 | 結合テスト　146

結合テストの目的　146

結合テストのテスト項目　147

ブラックボックステスト　147

06 | 総合テスト　149
総合テストの目的　149
総合テストの観点　150
複数ユーザが同時利用するシステムのテスト　151
総合テスト時のテスト環境　152
総合テストのテスト項目例　153

07 | 品質保証　155
品質保証の指標　155
バグ累積曲線　156
バグ累積曲線の落とし穴　157

08 | 受入テスト　159
受入テストの目的　159
システムの検収と受入テストの期間　161
受入テストの手順　162
受入テストに合格しなかった場合　164
受入テストの合格後　165

09 | 受入テストの実施例　166
大規模なシステムの受入テスト　166
受入テストを効率よく実施する方法　167

第3部：アジャイル型開発モデルでの開発...171

第6章　アジャイル型開発モデル...173

**01 | ウォータフォール型
開発モデルでの開発の難しさ　174**
システム開発の難しさ　174
QCD　175
ウォータフォール型開発モデルにおける
開発の難しさ　179

02 アジャイル型開発モデルと
ウォータフォール型開発モデルとの違い **181**

ウォータフォール型開発モデルとの違い **181**

アジャイル型開発モデルの概要 **183**

03 プロジェクトのビジョンの共有 **187**

自己組織化 **187**

開発メンバの構成 **188**

インセプションデッキ **189**

我われはなぜここにいるのか？ **191**

エレベーターピッチ **192**

インセプションデッキの進め方 **193**

第7章 スプリントでの活動…195

01 プロダクトバックログの作成 **196**

アジャイル型開発モデルにおける要件の抽出 **196**

ユーザストーリマッピング **197**

典型的な作業について、
1項目に付き付箋紙1枚に書き出す **198**

書き出したストーリを時系列に並べる **199**

ストーリのタイトル（バックボーン）を付ける **200**

例外的な事象とその扱いを考え、
時系列に入れる **200**

ストーリを優先度ごとに並べ替え、
優先順位を明確にする **201**

ユーザストーリマッピングからプロダクトバックログを
作成する際の注意点 **202**

02 スプリント計画 **205**

スプリント計画 **205**

スプリント計画第1部 **206**

スプリント計画第2部 **207**

プランニングポーカーによる見積もり技法　207

03 | **スプリント**　211
スプリントにおいての共同作業と見える化　211
ペアプログラミング、モブプログラミング　211
デイリースクラムによる情報共有　212
タスクボードによる進捗作業の見える化　213
バーンダウンチャートによる進捗作業の見える化　217
その他の開発技法　218

04 | **スプリントレビュー**　219
スプリントレビューで確認すること　219
Doneの定義　220
プロダクトバックログの見直し　221
実施のタイミング　221

05 | **ふりかえり（レトロスペクティブ）**　223
ふりかえりでやること　223
ふりかえりの対象は"ひと"ではなく"こと"　223
KPTによるふりかえり　224
レトロスペクティブを行ううえでの心構え　226

第4部：プロジェクトマネジメント…229

第8章　プロジェクトマネジメント…231

01 | **プロジェクトマネジメントの体系**　232
プロジェクトの舵を取る　232

02 | **PMBOKの構成**　234
プロジェクトとプロジェクトマネジメント　234
「独自」の製品やサービスの創造　234
有期性のある業務　235
ルーティーンワーク　235
プロジェクトマネジメント　236

プロセス　236

知識エリア　237

プロセス群　240

PMBOKのプロセスマップとテーラリング　243

**03　プロジェクトのライフサイクルと
開発プロセスの関係　246**

予測型　246

適応型　247

不確実性のモデルと
プロジェクトライフサイクルの選択　247

第9章　セキュリティ...251

01　システム開発におけるセキュリティ　252

セキュリティの2つの視点　252

02　プロダクトのセキュリティ　254

プロダクトのセキュリティ項目　254

セキュリティと利便性　256

実装攻撃と耐タンパ性　256

03　開発プロセスのセキュリティ　258

開発プロセスのセキュリティ項目　258

人間の行為にこそ注意　259

おわりに　261

INDEX　263

オリエンテーション

研修の進め方

これから、新入社員のためのソフトウェア開発研修を始めます。最初に、この研修を進めるうえでの心構えや進め方を説明します。

　皆さんは学校を卒業して、社会人になりました。これから大事なことは、自分の頭で考えなければならないということです。仕事を進める過程では、答えが1つに定まらないこともたくさんあります。いろいろと考えて、ベストな解決方法を見いださなければなりません。

　自分の頭で考えるには、何が良いのかを判断するための基準が必要になります。

　あなたの社会人としての夢は何ですか？

世の中に役立つ技術を開発することです

　自分の人生において変わらない目標を持つことは、社会人として様々な問題に直面した際、迷いから脱出する助けとなります。

　さらに、常に「なぜ」と考えてください。「なぜ」と立ち止まることによって、言われたとおりのことだけをする受け身の姿勢から、主体的に考える姿勢に変わっていきます。

研修の進め方

　それでは、本書で行う研修の進め方について説明します。

　研修は、講義と演習で構成されます。演習では5名程度のチームを作り、システムを開発します。講義では基本的なことは説明しますが、その後はチームで主体的に考え、進める時間です。どのようなシステムを開発するかについても、チームで相談して決めてください。

　皆さんのこれからの仕事では、システムを受注して納品するだけではなく、企画（要件定義）して発注し、発注したシステムに対する受入テストも行います。適切に受入テストを行うためには、ソフトウェア開発

の全体について把握する必要があります。そこで本研修では、要件定義から設計、開発、受入テストまでを行うシステム開発のうち、ソフトウェア開発の全工程を体験します。

　ところで、今回の研修では、チーム内の役割分担をくじ引きで決めます。なぜ、くじ引きで決めるのかわかりますか？

わかりません

　この研修を企画する際、スタッフの間で2つの意見がありました。くじ引きで決める方法と、チームメンバで相談して決める方法です。後者だと、チームリーダをやりたいと思っていても言い出せない人がいる可能性を考慮して、くじ引きを選択しました。ただし、両方にメリットとデメリットがあります。皆さんそれぞれで考えてみてください。そうすることで、チーム分けの方法の「なぜ」がわかると思います。

　次に、研修の目標について説明します。この研修では、皆さんに次の3つを身につけてもらいたいと考えています。

- 自主的に考える姿勢を身につける
- チーム活動を通して、コミュニケーションを活発に行う姿勢を身につける
- ソフトウェア開発に関する基礎的な技術を身につけ、言葉によるコミュニケーションギャップを解決する

　最後にお願いです。研修中は、気づきシートに「そうなんだ」と思ったことを記録してください。走り書きで結構です。後で振り返ったとき、自分の成長を実感することができますよ（表0.1）。

表0.1 気づきシート

種別	気づき	備考
3	ソフトウェア開発は全体を把握できることが重要.	
1	自分の頭で考えることで後々生かしていくことができる.	
1	目の前の課題をこなすのではなく"お客様"に何ができるのか考えること!	
2	要求定義書について他チームに意見をもらうことで様々な気づきがあった.	
3	POSシステム、CRM、CTIなどは、ユーザの履歴を収集するもの.	

所属: システム1課　氏名: 船土五郎　月日: 2017/1/11

第1部

ソフトウェア開発の
基礎知識

第1章　ソフトウェア開発とは？

第2章　基本的なルール

第1部では、ソフトウェアエンジニアリングを学ぶにあたって知っておいてほしい基礎的な知識を紹介します。

　システム開発技術は、ソフトウェアエンジニアリングとして発達してきました。その歴史や代表的な技術の概要を紹介し、システムを文書化する際のルールについても説明します。

第1部　ソフトウェア開発の基礎知識

第1章
ソフトウェア開発とは？

システムは開発規模の増大に伴い、思うように開発できなくなり、いろいろな技術が考案されました。本章では、システム開発技術の歴史を振り返るとともに、どのようなものを作るのか、どのように開発するのかを説明します。

Chapter1
01 ソフトウェアエンジニアリング

ソフトウェアエンジニアリングとは？

　最初にお聞きします。「ソフトウェアエンジニアリング」と聞いて、皆さんは何をイメージしますか？

> プログラミング技術のことでしょうか？

　たしかに、プログラミング技術もソフトウェアエンジニアリングの一面ですが、もう少し広い範囲を意味します。
　ご存じのように、コンピュータシステムはハードウェアとソフトウェアから構成されます。ハードウェアはコンピュータの装置そのもので、基本的に変化しません。一方のソフトウェアは、ハードウェアを使って実行するプログラムであり、コンピュータの利用目的によって変化します。プログラムを切り替えることで、1台のコンピュータが報告書を書くワープロとなる場合も、オンラインゲーム機となる場合もあります。
　このように多様なソフトウェアの存在は、コンピュータの用途を限りなく広げ、それが世の中にコンピュータを幅広く普及させる原動力にもなっています。そのため、現在も未来も、様々なソフトウェアの開発が

必要なのです。

　しかし、ソフトウェアの開発は人間の知性を結集して行う傾向が強く、本質的にそう簡単なものではありません。ソフトウェアの大規模化、複雑化に伴い、品質や生産性の低下が大きな問題になっています。このような状況は「ソフトウェア危機」と呼ばれ、過去に真剣な議論が行われてきました。

　そのような中、ソフトウェア危機という大問題を解決するために提唱されたのが、「ソフトウェアエンジニアリング」です。ソフトウェアエンジニアリングは、プログラム開発を工学としてとらえ、合理的な様々な方法論と開発手法を用いながら、早く、安く、正確に、誰でもプログラムを作成できることを目指す学問です。

　気づいた人がいるかもしれませんが、ソフトウェアエンジニアリングのコンセプトは、あの有名な牛丼屋のコンセプトである早い、安い、うまいとよく似ています。普通に考えれば、外食産業と工学との関係は薄いのですが、合理性を追求すると、同じような尺度が登場するとは面白いものです。

　ちなみに、現在のソフトウェアエンジニアリングは、ソフトウェアだけではなく、コンピュータシステム全体を工学的にとらえる分野として発展を続けています。

ソフトウェアエンジニアリングの始まり

　ソフトウェアエンジニアリングの技術の歴史を知ると、その技術の系譜と派生を知ることができます。

　皆さんは、ソフトウェアエンジニアリングの歴史の始まりは、いつ頃だと思いますか？　これは意外に古く、1968年10月にドイツのガルミッシュで開かれた会議「a Working Conference on Software Engineering」が始まりと言われています。

　1960年代のプログラムと聞くと、あまり複雑ではなく小規模なもの

1.01 ソフトウェアエンジニアリング　009

を想像するかもしれません。しかし、実際にはそうではありません。例えば、当時の最新鋭コンピュータ IBM System/360 の OS である OS/360は、C言語に換算すると100万ステップ（行）もの規模であったと言われます。現代のWindowsが約5000万ステップと言われていますので、決して小さくないことがわかると思います。

　そのような環境の中、この会議では、すでにソフトウェア危機という言葉が用いられていました。当時から、プログラムをいかに上手に効率よく作るのかが大きな関心の的であったことがうかがえます。この会議では、要求、見積もり、仕様、設計、テスト、保守、品質保証といった、主要なソフトウェアエンジニアリングの用語もすでに登場していたと言われることからも、この時期のソフトウェアエンジニアリングの芽生えは、ある意味で必然だったのかもしれません。

構造化

　1970年に入ると、ソフトウェアエンジニアリングの基本的な各概念が、しっかりした内容を伴いながら確立されていきました。「構造化」は、その際に幅広く用いられたキーワードです。

　最初に提唱されたのは「構造化プログラミング」でした。構造化プログラミングは、プログラムの制御構造（処理の流れ）を簡素化して明確にすると考える方法論です。具体的には、プログラムの処理の流れは、連接（逐次）、分岐、反復の3つの組み合わせで表現できるという構造化定理（Boehm と Jacopini）に則り、プログラムの実行順を強制的に変更するgoto文を使わずにプログラミングするスタイルを指します。

　当時、goto文を乱用したプログラムは、その処理の流れの絡まり具合から、スパゲティプログラムと呼ばれていました。その元凶とみなされるgoto文を使わないという考え方は、極めて画期的でした。

　その後、構造化の考え方はソフトウェア開発の上流工程に及び、「構造化分析」「構造化設計」が提唱されました。構造化分析、構造化設計

では、まずシステムの機能を小さな単位に分割し、組み合わせることによってモデルを構築します。それから、そのモデルを通して、システムの分析や設計を行います。

この構造化の考え方は、現在の多くのプログラミング言語や設計手法の基礎となっています。

ソフトウェア開発の「管理技術」

1980年代は「管理技術」が幅を利かせた時代でした。構造化の導入により、プログラミング言語や、分析および設計の手法は定まりましたが、大規模なシステムを開発するにはそれだけでは不十分であると認識されました。そこでスポットライトが当てられたのが、開発に関連する人や物などの管理という側面です。大きな組織で高品質のソフトウェアを早く安く作るには、適切な管理が不可欠であるという考え方が支持されました。

管理の対象は様々で、プロジェクト管理、要員管理、予算管理、工程管理、品質管理、構成管理、計算機資源管理など、一部に重複部分を残しながら多くの言葉が作られました。

これらの管理技術の中には、一般的なプロジェクト管理との違いがはっきりせず、今となってはソフトウェアエンジニアリングとしてやや影が薄いものもあります。しかし、これらの管理技術から生まれた実践的手法の中には、現在でも広く用いられているものもあります。

例えば、プログラムの簡単な見本を作成し、顧客に使ってもらい、そこから顧客自身にシステムへの要求（要望）を発見、確認させる「プロトタイピング」は、開発手法の1つとして定着しています。

また、仕様書やプログラムが適切かどうかを、人間が読んでチェックするときの実施体制、構成員、記録方法、修正方法などを定式化し、方法論として確立したものは、IBMでの実施報告以降、多くの組織で導入されました。

1.01 ソフトウェアエンジニアリング　011

オブジェクト指向の登場

次に「オブジェクト指向」が登場します。

1990年代以降のソフトウェアエンジニアリングでは、オブジェクト指向が大きなキーワードになりました。皆さんの中にも、オブジェクト指向という言葉を聞いたことがある人は多いと思います。

オブジェクトとは、現実世界にあるモノの特徴をそのままプログラム化したものです。

例として、ノック式ボールペンを考えてみましょう。ノック式ボールペンには、「ノックする」という動作と、ノック動作によって「ペン先が出ている」「ペン先が隠れている」という2つの状態が存在します。オブジェクト指向では、これをプログラム化するわけです。オブジェクト指向については、後ほどもう少し詳しく説明します。

オブジェクト指向の主要な概念は1970年代のうちに確立されていましたが、1980年にSmalltalk-80というオブジェクト指向を大々的に取り入れた言語が発表され、多くの人に知られることになりました。その後、オブジェクト指向はプログラミングの前工程にも取り入れられて、オブジェクト指向分析、オブジェクト指向設計が誕生し、現在に至っています。

実は、現在、各種の分析や設計段階でのモデル記法として多く用いられている「UML（Unified Modeling Language）」は、オブジェクト指向の方法論が論議される中で生まれました。1997年にUML 1.1が世に出て、その後の2004年にUML 2.0が発表されています。

アジャイル開発モデル

現代のビジネス環境は刻々と変化しています。そのため、ソフトウェアの設計時にはそのビジネスに最適であったシステムも、設計から開発を行う間に生じたビジネスの変化によって、完成したときにはもう用を

なさないというような事態が発生します。

　そのようなことから、変化する顧客の要望を素早くソフトウェア開発に受け入れ、かつ素早い開発が可能な手法が望まれるようになります。

　そのような背景をもとにして誕生した開発手法がアジャイル開発モデルになります。

1.01 ソフトウェアエンジニアリング　013

Chapter1 02 開発における分析と設計

システムの設計

皆さんは、システム開発の手順を具体的にイメージできますか？

プログラムを作るだけではだめなのでしょうか？

　プログラムを書くことはシステム開発において重要ですが、それは最初に行う作業ではありません。プログラムを書く前に、複数のやるべき作業があります。

　例えば、家の建築を考えてみましょう。運んできた木材をイメージだけで切って、いきなり釘やかすがいで打ち付ける大工さんはいません。建築作業を始める前に、必ず設計が行われます。現場ではその設計に基づいた設計図から木材を切り、組み立てるはずです。現場で多少の調整が必要になったとしても、基本構造やデザインが設計図から外れることは、原則としてありません。

　システム開発も、家の建築とよく似ています。プログラミングは、現場での建築作業にあたる工程です。プログラミングを始める前に、プログラミングに必要なシステムの設計図を用意する必要があります。

分析と設計

　では、システムの設計図は、どのような手順で作成すればよいのでしょうか。その作業は、大きく「分析」と「設計」の2つの段階に分け

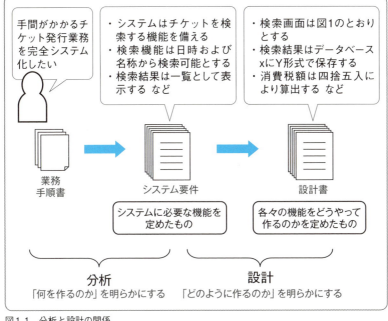

図1.1 分析と設計の関係

ることができます(図1.1)。

　分析とは、システム開発を依頼した顧客がシステムに求める機能や性能を、これから開発するシステムの要件として矛盾なく整理することを意味します。顧客から要望を聞き出したり、現在の業務の流れを調べたりして得られた情報を解析し、顧客のニーズに合致したシステムの姿を明らかにします。すなわち、何を作るのか明らかにする作業が分析です。

　一方の設計とは、分析により明らかになったシステムの要件を、どのような形でプログラムにしていくか、を決定することを意味します。例えば、住宅に高い気密性を求めるならば、木造よりも鉄筋コンクリートが適しているように、システムの場合にも、求められる要件によって適切な作り方があります。その作り方を決定し、プログラミングを始めることができる設計図を作り上げます。すなわち、どのように作るのかを明らかにする作業が設計です。

システム開発では、分析と設計のどちらか一方が不足しても、顧客が満足するシステムを作ることはできません。分析と設計を車の両輪と考え、それぞれを十分に行った後に、プログラミングを始めることが肝要です。

分析・設計の進め方

分析や設計はどのような考え方で進めるのでしょうか？

　システムの分析や設計を、いかに正確かつ迅速に、またわかりやすく行うかは、ソフトウェアエンジニアリングの主要なテーマの1つです。これまでにも様々なアプローチが提案されましたが、中でも「構造化分析と構造化設計」は、広く認知され定着している代表的な手法と言えます。

　構造化分析と構造化設計は、すべてのシステムは、それより小さな要素の組み合わせで構成され、その要素も、またさらに小さい要素の組み合わせで構成されると考えます（図1.2）。

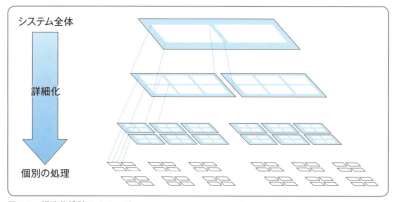

図1.2　構造化設計のイメージ

例えば、車を設計する際、必要なネジの数やサイズを決めようとしても、それは極めて難しいことです。しかし、車の構成要素をボディ、シャシー、エンジン、内装に分け、次にエンジンの構成要素を本体、給排気、ピストンとクランク、弁に分け、さらにそれら個別の設計を進めれば、最後には、おのずと必要なネジの数やサイズが明らかになります。

　このように、複雑なものを設計する際には、いきなり最小単位の構成要素の組み合わせを考えるのではなく、まとまった単位で少しずつ細かく分割していきます。それにより、自然に最小単位の構成要素にたどり着くことができます。あるいは逆に、単純なものを組み合わせて少しずつ複雑な構成要素を作り、その構成要素を組み合わせていくことで、最終的に極めて複雑な設計ができる場合もあります。これらがまさに、構造化分析と構造化設計の考え方です。

　構造化分析と構造化設計を用いたシステム開発では、システムの機能をサブシステムやモジュールに分割し、サブシステム間やモジュール間のデータの流れを定義します。その際、データの流れを直感的に把握しやすい「DFD（Data Flow Diagram）」という図がよく用いられます。DFDについては後ほど説明します。

　視点を変えることにより全体の構造を見渡したり、特定の部分を詳細に分析したりできる構造化分析と構造化設計は、我々人間にとって、自然で理解しやすい考え方と言えるでしょう。

Chapter1 03 開発の工程と成果物

開発プロセス

　ソフトウェアを開発するときの工程を「開発プロセス」と呼びます。皆さんは、ソフトウェアの開発プロセスとして何があるか言えますか？

「設計」と「製造」ではないのでしょうか？

　たしかに、「設計」と「製造」はこれまで説明したように開発において重要なプロセスですね。しかし、そのプロセスは開発プロセスの一部で、それだけではありません。その他に、「要求定義・要件定義」と「テスト」のプロセスが必要になります。
　開発プロセスは、一般的に「要求定義・要件定義」「設計」「製造」「テスト」の4つのプロセスに分けられます（図1.3）。

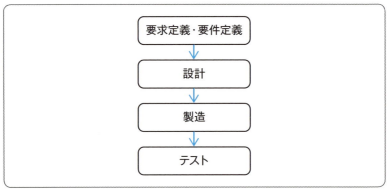

図1.3　開発プロセス

プロセスには、方法、手順、製法、工程というような意味があります。開発プロセスとは、やりたいことが顧客の頭の中だけにある状態から、それをソフトウェアとして実現するまでの、開発の手順を示すものです。

各プロセスの役割と成果物

各プロセスには、行うべき役割があります。

「要求定義・要件定義」では、製造しようとするソフトウェアの利用者（ユーザ）が求める要望を調査・分析して定義（要求定義）し、その結果から、ソフトウェアに実装すべき機能を「要件」として定義（要件定義）します。ここで定義した内容は、ドキュメント化（要件定義書）し、次のプロセスの「設計」に引き継がれます。

「設計」では、要件定義書の内容からソフトウェアで実装しなければならない機能の具体的な仕様を決めていきます。その内容には、ソフトウェアの画面の外観や備えるべき入出力欄（インタフェース）、また、ソフトウェア内部で行われる処理の遷移等を設計していきます。設計の際には、様々な図や表およびドキュメント（設計書）が作られます。これらは、次の「製造」に必要な情報となります。

「製造」では、「設計」プロセスで決められた仕様をもとに、プログラム言語を用いてソフトウェアを製作していきます。製作に携わる人は、ソフトウェアの規模によりますが、1人または複数で行われます。誤り（バグ）なく作られることが求められますが、人が作る以上、誤りの混入はほぼ避けられません。この誤りの混入の有無を確認するのが、次の「テスト」のプロセスになります。

「テスト」では、製作したソフトウェアに対して各種テストを実行し、仕様書通りに完成しているかを検証する作業になります。

このように、各プロセスでの役割を終えた後には1つの成果物が作られ、次のプロセスの役割を実行するために必要な情報となります。

また、「要求定義・要件定義」から「テスト」までの一連の流れの中

で、「要求定義・要件定義」「設計」は、要望を具体的な仕様という形に詳細化する過程であり、これを「上流工程」と呼んでいます。一方、「製造」「テスト」は、仕様を具体的な形にして確認を行う過程であり、これを「下流工程」と呼んでいます（図1.4）。

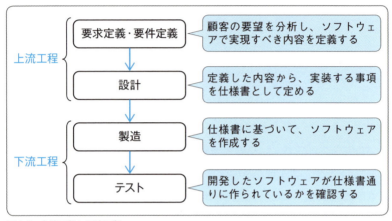

図1.4　上流工程と下流工程

Chapter1 04 代表的な開発モデル

開発モデル

　すぐれた開発プロセスを探し出すことも、ソフトウェアエンジニアリングのテーマの1つです。そのため、これまでにも様々な開発モデルが提案されてきました。

　代表的な開発モデルとして、次のようなものがあります。

- ウォータフォール型
- スパイラル型
- アジャイル型

ウォータフォール型

　まずは、ウォータフォール型から説明しましょう。

ウォータフォール型というのは聞いたことがあります

　ウォータフォール型は、最も代表的で伝統的な開発モデルです。ウォータフォール型では、開発は時系列に沿って段階的に進むと考え、まず分析や設計など抽象的な工程を行い、それが完了したら次にプログラミングやテストなど具体的な工程を行います。

　各工程は、基本的に後戻りせずに順番に進めていきます。この工程の進む様子が、ちょうど川の上流に降った雨水が後戻りすることなく、下

流に向かって流れ落ちていく姿に似ていることから、ウォータフォール型と名付けられました。

　定義によって多少の違いはありますが、ウォータフォール型での一般的な工程の進み方は図1.5のようになります。

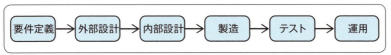

図1.5　ウォータフォール型の開発プロセス

　要件定義は、顧客が求めている機能や性能を引き出し、システムが備えるべき要件として定義することを意味します。外部設計は、定義された要件に沿って、システムが持つべき機能を定めます。内部設計は、外部設計で定義した機能の具体的な実現方法を定めます。

　製造では、内部設計に沿ってプログラムを製造し、テストでは、製造したプログラムが設計通りに動作するかどうかを確認し、不具合があれば修正します。そして運用では、完成したシステムを稼働させ、必要に応じて不具合の修正や簡易な機能の追加を行います。

　ウォータフォール型の、段階を追って具体的な形にしていくという考え方は、ものづくりの普遍的なアプローチであり、わかりやすいものです。そのため、現在でもウォータフォール型の開発プロセスは広く採用されています。

　その一方で、ウォータフォール型に対しては、次のような問題点も指摘されています。

- 不具合が、最後の工程であるテストを行うまで見つからない場合が多い
- テストで見つかった不具合の原因が分析や設計にある場合、最初までさかのぼって修正しなければならず、それに関連するそれまでの作業が無駄になる

● どこかの工程が遅れると、その後の全工程の進行に影響が及ぶ

　これらの問題点は、現実のシステム開発プロジェクトにおいて、完成予定が大幅に遅れたり、必要な費用が当初予算を大きく上回ったりする原因となります。

　また、顧客のビジネスはダイナミックに動いており、顧客がシステムに求める機能がその開発途中に変わる場合も、現実には多くあります。これを「ムービングターゲット」と言いますが、ウォータフォール型ではムービングターゲットに柔軟に対応できないのが実情です。

　このようなウォータフォール型の開発モデルの問題点を補い、より柔軟で効率のよい開発手法として提唱されたのが、スパイラル型、アジャイル型などの開発モデルです。

スパイラル型

　スパイラル型は、ウォータフォール型の段階的なアプローチは活かしつつ、現実の開発に対し、より柔軟に対応できるようにした開発モデルの1つです。

スパイラル型での開発の流れはどうなりますか？

　ウォータフォール型では開発工程を段階的に進めていくのに対し、スパイラル型では分析、開発と検証、次の計画、次の目標設定のフェーズを設け、それらを繰り返すことによって各工程が正しいかどうかを確認しながら、まるで渦のように開発工程を進めていきます（図1.6）。

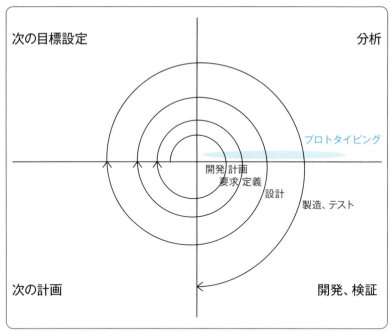

図1.6　スパイラル型の開発プロセス

　スパイラル型の開発モデルでは、各工程で目標の設定、分析、開発と検証を行い、各工程の完成度を高めます。ウォータフォール型の問題点の1つは、各工程に不具合が潜在していても、最後のテストを行うまで見つからないことでした。各工程の完成度を高めるスパイラル型の開発モデルは、ウォータフォール型の問題点をうまく取り除いたものと言えます。

　また、スパイラル型の開発モデルでは、各工程でプロトタイピングのタイミングが用意されています。プロトタイピングとは、実際に動く見本を作り、その動作イメージを具体的にすることで、潜在的な問題や要求を見つけ出すことを意味します。

　一般に分析や設計など開発の前半では、具体的なシステムのイメージがないため、多くの作業が頭の中の思考だけで行われます。これもまた不具合が発生する要因の1つとなります。それを防止するため、スパイ

ラル型では開発の前半からプロトタイピングのタイミングを設け、必要に応じてプロトタイピングを行います。プロトタイピングにより、分析や設計での不具合の混入を防ぐことができれば、ウォータフォール型のように最後の最後でどんでん返しが起こる危険性を、さらに減らせるのです。

　なお、スパイラル型という場合、ここでの説明のようにウォータフォール型の開発プロセスをスパイラルとしてとらえるほかに、システムの機能を分割して、機能ごとに計画、設計、製造、テストを行い、それを繰り返すことで、システム全体を作り上げる手法を意味する場合もあります。

アジャイル型

　アジャイル型は、近年において注目を集めている開発手法です。
　ウォータフォール型の開発モデルは、設計時に開発すべきシステムを決定できるという前提に立っています。しかし、現代のビジネス環境は刻々と変化しており、設計時にはそのビジネスに最適であったシステムも、設計から開発を行う間に生じたビジネスの変化によって、完成したときにはもう用をなさないというような事態も発生します。
　また、システムの開発期間を短縮し、開発費用を安く抑えることまで求められる現状においては、ウォータフォール型の開発モデルでは、うまく対応できない場面も多くあります。
　そのような問題に対して、ウォータフォール型で行ってきた予想外の変化に対する経験的な対応を体系としてとりまとめ、実務的な視点から開発プロセスの見直しが行われました。こうして生まれたのがアジャイル型です。

アジャイル型にはどのような特徴があるのでしょうか？

1.04 代表的な開発モデル

アジャイル型の特徴は、2001年にAgile Allianceという団体が発表したアジャイル宣言（http：//www.agilemanifesto.org/）から読み取ることができます。この宣言では、次のことがうたわれています。

- プロセスやツールより、個人そのものや個人間の交流を重視せよ
- 広範にわたる大量の文書作成より、きっちり動くソフトウェアの作成に注力せよ
- 契約に関わる交渉より、顧客と協調することに重点をおけ
- 無理に計画に従うより、目の前の変化へ柔軟に対応せよ

　このような視点は、これまでのウォータフォール型の開発モデルでは考えられないものですが、変化する顧客の要望を取り入れることができ、かつ素早い開発が可能な手法として、普及が進んでいます。
　アジャイル型という場合には、上記のような視点を持つ開発手法全体を指します。実際に使用する具体的な開発手法には、代表的なものとして、「XP（Extreme Programming）」や「スクラム」などの個別の名称が付いています。
　XPやスクラムには、開発に対する価値の重みをどこに持たせるかや、

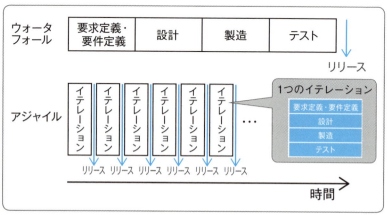

図1.7　アジャイルのイテレーション

構成するメンバの役割などの違いがありますが、開発手法として共通することは、短期間で開発・確認ができるものを顧客にとって価値の高いものから順に製造・リリースおよび確認を繰り返す（反復）ことを行います。この反復期間を"イテレーション（スクラムにおいては「スプリント」）"と呼び、数週間程度の短期間を固定された期間として実施します（図1.7）。

　開発にあたっては、まず顧客がソフトウェアで実現したいことを整理することから始めます。この方法として、その実現したいことを短い文としてカードに記述します。これを"ユーザストーリ"または単純に"ストーリ"と呼び、その一覧を"ユーザストーリ一覧（スクラムでは「プロダクトバックログ」）"と呼びます（図1.8）。

　次に、ユーザストーリの一覧に対して実現すべき機能としての優先順位を付け、優先して開発すべきものを決めていきます。この優先付けされた一つ一つのユーザストーリの開発が、各イテレーションの対象とな

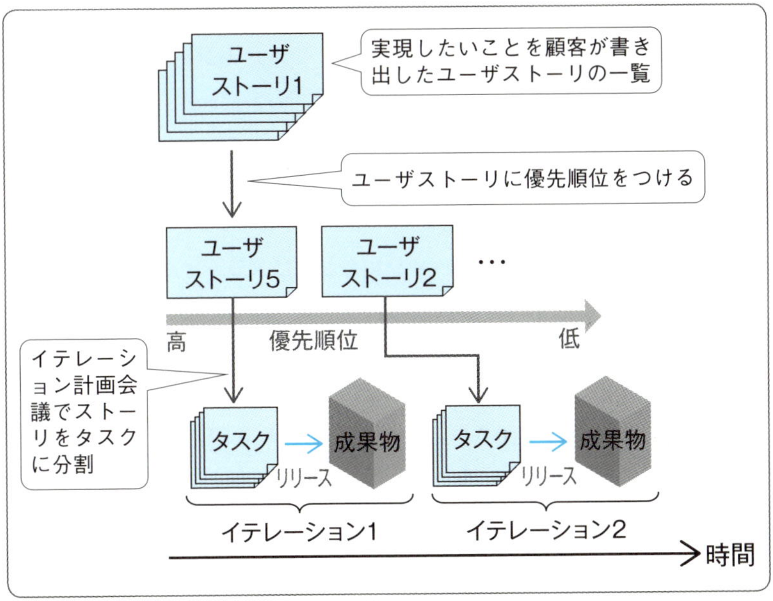

図1.8　ユーザストーリとユーザストーリ一覧

1.04 代表的な開発モデル　027

ります。

　次に、優先順位の高いストーリに対して複数の「タスク」に分割し、イテレーションでどこまで達成すべきかというゴール目標を"イテレーション計画会議（スクラムでは、「スプリント計画」)"を通して決定していきます。この分割された一つ一つのタスクが、実装するプログラムになります。なお、スクラムではタスクの一覧のことを「スプリントバックログ」と呼びます。

　プログラムの製造では、早期のリリースを実現するためにテストに合格することを目標として、2人一組によるプログラム開発を行う「ペアプログラミング」やソースコードがテストを通るように記述を行う「テスト駆動開発（TDD：Test-Driven Development)」などが用いられます。

　アジャイル型では、小さな単位で開発を行い、また常にテストを行っているため、何か不具合があれば、直ちに発見して修正することができます。また、これらのプログラミングの進行状況に合わせて、全体の計画は常時見直されます。そのため、ウォータフォール型のように、最後の最後にどんでん返しが起こって右往左往する可能性は、非常に低いと言えます。また、計画を常時見直すため、システム開発全体の見通しを良好に保つことができます。

演習課題

　ウォータフォール型、スパイラル型およびアジャイル型の開発モデルについて、それぞれの長所と短所をまとめましょう。まとめたら、次に開発プロセスを比較する際の判断基準を整理してください。

　さらに、職場で採用されている開発モデルを調査し、整理した判断基準で評価しましょう。

第1部　ソフトウェア開発の基礎知識

第2章
基本的なルール

商用のシステムは、複数人の共同作業で開発されます。システムの機能などを文書化する際に人によりバラつきがあっては、作業がスムーズに進まなくなり、開発後の運用にも支障をきたします。そこで、作業標準などのルールを定めます。第2章では、その基本的なルールについて説明します。

Chapter2 01 作業標準の必要性

開発後には保守・運用を行う

　企業などの組織で開発するシステムは、規模が大きいうえに、単に作れば終わりではなく、長期間にわたって保守や運用を行うのが一般的です。

　例えば、社内で最も優秀な人が、自分が持つ知識をフル回転させて、すばらしいシステムを開発したとします。それはそれですばらしいことなのですが、その人が企業を去ってしまったら、残された人ではシステムの運用や改造を行うことができない可能性があります。組織で行うシステム開発の場合、それでは困ります。

　また、人が変わったことによって作業の順序や管理方法にバラつきが生じると、作業効率が低下するだけではなく、開発するシステムの品質が低下する可能性もあります。

作業の標準化と作業標準

　そこで、組織で行うシステム開発では、システム開発プロジェクトに携わっていない人でも、後々の運用や改造ができるよう、標準的な開発

手法を定めておくのが一般的です。これを「作業の標準化」と言い、そこに定めた標準的な作業手順のことを「作業標準」と呼びます。特に、雇用の流動性が高まっている現代においては、システムの保守性を高めるために作業標準を定めることは不可欠と言えます。

　作業標準を定め、社内で開発するすべてのシステムに適用することで、開発メンバに変更が生じた場合でも、開発手順や文書作成ルールの相違による戸惑いや混乱を回避できます。つまり、作業標準を定めることは、生産性の向上にも寄与します。

作業標準では何を定めるのでしょうか？

　作業標準で定めるべき項目は、特に決まっていません。企業や組織によって記述している項目は異なり、その企業や組織で行ってきた開発のノウハウなどを盛り込みながら、少しずつ改定していくのが一般的です。

　作業標準で定める事項はいくつかありますが、一例として、用字と用語、工程の名称、作成文書と記述項目、使用するチャート記法などがあります。その他には、コーディング規約、レビュー実施ガイドライン、適用する設計手法、適用するプログラミング言語、適用する開発プロセス、ユーザインタフェースガイドラインなども作業標準として定める場合の多い項目です。

　また、品質マネジメントシステムや情報セキュリティマネジメントシステムを導入している企業や組織では、それらの視点からも準拠すべき文書を定める場合もあります。

　作業標準の一例を、33ページより示します。この例からもわかるように、作業標準の中に標準化された作業手順を直接記述する場合と、従うべきほかの文書を指定する場合があります。コーディング規約やユーザインタフェースガイドラインのように独立性が高いものや分量が多いものは、作業標準の中に直接記述せず、外部文書として参照させるほう

が、文書の管理が容易になります。

　次節では、その作業標準として定める項目の一部について説明していきましょう。

システム開発作業標準

第 1.0 版

2XXX 年 X 月 XX 日

〇〇〇株式会社

1

1 はじめに

　本文書は、○○○株式会社におけるシステム開発の作業標準を定めるものである。当社におけるシステム開発作業は、特段の理由がない限り、本作業標準に沿って実施するものとする。

2 開発プロセスや技法に関する作業標準

(1) システム開発に適用する開発プロセスは、原則としてウォータフォール型、もしくはプロトタイピング型とする。アジャイル型およびその他のプロセスの適用を検討する場合は、開発部長による承認を必要とする。

(2) 開発プロセスとしてウォータフォール型を適用する場合、各工程の名称には次のものを使用する。

　　「要求定義」、「要件定義」、「外部設計」、「内部設計」、「製造」、「単体テスト」、「結合テスト」、「総合テスト」

(3) システム開発に適用する分析・設計技法は、原則として構造化分析・設計もしくはオブジェクト指向分析・設計とする。顧客からの要請などにより他の技法の適用を検討する場合は、開発部長による承認を必要とする。

(4) システム開発に適用するプログラミング言語は、原則として、Java、C++、C#、C、Ruby、PHP、Perl、JavaScript のいずれかを用いるものとする。顧客の要請などにより他のプログラミング言語の適用を検討する場合は、開発部長による承認を必要とする。

(5) デザインレビューおよびソースコードレビューの実施方法は、「デザインレビュー実施ガイドライン」「ソースコードレビュー実施ガイドライン」に準拠して行なう。各ガイドラインが改定されている場合は、最新版に準拠するものとする。

(6) システムに適用するユーザインタフェースは、顧客から特段の要請がない限り、「ユーザインタフェースガイドライン」に準拠するものとする。顧客の要請などにより同ガイドラインに定めるものと異なるものを適用する場合も、可能な限りなんらかのガイドラインに沿い統一感を持たせる。

3 文書に関する作業標準

(1) システム開発において作成する文書の形式、用字と用語、その他すべてのルールは「ド
キュメント作成ガイドライン」に準拠するものとする。ただし、顧客に提出する文書
については、用字や用語などの要請が顧客からあった場合、その要請に沿って作成す
るものとする。

(2) システム開発においては、原則として、次表に示す文書を作成し、少なくとも指定さ
れた項目を記述する。文書の作成を省略する場合や、必要項目を省略する場合は、開
発部長による承認を必要とする。

（以下省略）

Chapter2
02 用字と用語

分析・設計の結果は文書に残す

　ここでは、システム開発に関わる文書で用いる表記や用語について説明します。

　システム開発では、各種の分析や設計の結果を文書に書き残すのが一般的です。システム開発の各工程で作成したものを「成果物」と言いますが、成果物の大半は文書です。

　では、文書とは何でしょうか？　改めて定義するなら、情報を文章や図表で表現したものと言えます。

　　　システム開発では、なぜ文書を作るのでしょうか？

　システム開発が単にプログラミングだけではないことは、すでに説明しました。システムは、プログラミングを含むいくつかの工程を経て作られます。

　小規模なシステムや個人による開発では、設計者とプログラムを作成する人、すなわちプログラマが同一人物である場合もあります。その場合は、システムについてすべてを把握している設計者が、自分の頭の中に入っている情報のみを使って、プログラミングを行います。

　しかし、システムが一定の規模になると、設計とプログラミングは別の人が担当するのが一般的です。その際には、担当者の間でシステムに関する情報を引き継ぐ必要があります。そのために用いられるものが文書になります。

大規模なシステムでは、特にこの傾向は著しく、工程ごとに担当する企業が異なることもあれば、1つの工程に複数の企業が関わる場合もあります。そのような体制で行う開発では、そこに関与する人や企業の間で、必要な情報が正確に伝達されなければなりません。そのため、システム開発では、情報を正確に伝達するための文書の書き方が重要になります。

　そこで基本となるルールの1つが、「用字と用語の統一」です。

用字と用語を統一する理由

　文書は統一された方針（考え）で書かれるべきものです。したがって、用字・用語の不統一は、内容の品質も悪いのではないかという誤解を読者に与えます。用字と用語の統一を行う理由の1つは、読みやすい文書を作るためです。もしも用字と用語が統一されていないと、作成した文書は読みにくいものになります。読みにくい文書は意思疎通を阻害し、誤りを生じさせる要因にもなります。

　もう1つの理由は、1つの用語が複数の意味で使われたり、1つの事象が複数の表記で表現されたりすることを避けるためです。1つの用語は1つの意味で使い、1つの事象は単一の表記で表現するようにすれば、文書を読む人の混乱や、誤った解釈を避けることができます。

　また、用字と用語の統一と併せて単語の意味を明確に定義することで、同じ文章なのに細部については異なる理解がなされるという危険を回避できます。

 用字と用語の統一ルールは
規格化されているのでしょうか？

　残念ながら、用字と用語の統一ルールは、すべての日本語文書について統一されているわけではありません。対象とする分野ごとに、微妙に

異なるルールが使われています。そのため、文書を作成する際には、その文書の分野に合わせて、適切な用字と用語の統一ルールを選択する必要があります。

分野による用字と用語の違い

分野ごとのルールのうち、明白に違うのは、横書き文書での句点と読点、そして音引きに関するルールです。句点は文章の終わりを示す記号で、一般には「。」を使いますが、分野によっては「.」を使うことがあります。また読点は文章の区切りを示す記号で、一般には「、」を使いますが、分野によっては「,」を使うこともあります。

- ●このシステムは、最新のCPUを搭載しています。（、。を使用）
- ●このシステムは，最新のCPUを搭載しています．（，．を使用）

また音引きとは、er、or、ar、yなどで終わる、末尾を伸ばして発音する英単語をカタカナで表記した場合に、末尾に「ー」を添えることを言います。音引きの有無で表記が分かれる単語としては、表2.1のような例があります。一般的には、非技術文書では音引きをし、技術文書では音引きをしない場合が多いようです。

表2.1　語尾の音引きの有無

語尾に音引きなし	語尾に音引きあり
コンピュータ	コンピューター
サーバ	サーバー
プログラマ	プログラマー

なお、表2.2に示すように複数の単語を組み合わせて構成する複合語の場合、それぞれの単語の末尾にこのルールを適用するかどうかで、語中の音引きが異なる場合があります。

038

表2.2 語中の音引きの有無

語中に音引きなし	語中に音引きあり
イーサネット	イーサーネット
ヘッダフォーマット	ヘッダーフォーマット

また技術文書の場合でも、3音に満たない単語の場合は、音引きをするのが一般的です（表2.3）。

表2.3 音数が3音に満たない場合の音引き

使わない表記	使う表記
コピ	コピー
キュ	キュー
キ	キー

 分野別の表記ルールを教えてください

システム開発に関連が深い分野である企業、学会、JIS規格、書籍の句読点および音引きの一般的な表記方法は、表2.4のようになります。なお、企業の場合、一般文書には「、」「。」を、技術部門では学会やJIS規格の表記を用いるなど、使い分けをしている場合もありますので、文書を作成する前に確認する必要があります。

表2.4 分野別の句読点・音引きの表記方法

分野	読点	句点	音引き
企業	、	。	企業により異なる
学会	,	.	しない
JIS規格	,	。	しない
書籍	、	。	書籍により異なる

使用する単語の扱いを示す用語についても、分野による違いが見られ

ます。JISでは日本語に翻訳した表現を多用し、企業や書籍では原語の発音をそのままカタカナにした表記を、また学会では両者を使い分ける傾向があるようです。原語の発音のままと日本語表現の両方が存在する技術用語の例としては、表2.5のようなものがあります。

表2.5　原語の発音と日本語の両方が存在

原語の発音	日本語
テスト	試験
パス	合格
リソース	資源

　また、同じ原語をそのままカタカナで表記する場合でも、拗音_{ようおん}（やゆよ、あいうえお、わ）や促音_{そくおん}（っ）の書き方が異なることがありますので、適切な表記を確認し、統一する必要があります。拗音の表記が異なる例としては、表2.6のようなものがあります。

表2.6　平音と拗音の使い分け

平音として書く	拗音として書く
ソフトウエア	ソフトウェア
スリーウエイ	スリーウェイ
デジタル	ディジタル

　拗音については、企業名でも使い分けているところがあるので注意しましょう。

　システム開発プロジェクトを開始する際には、これらの点に注意しながら用字と用語のルールを定め、作成するすべての文書において用字と用語を統一するようにします。

　その際、ルールについて顧客からの要請があればそれに従い、なければ社内の作業標準に従います。また公共事業への入札などで、一般的な企業とは異なるルールでの文書作成が調達条件に含まれている場合には、提示された条件に従います。

Chapter2 03 工程の名称と作成文書

ウォータフォール型における工程名称・区分の違い

　代表的な開発モデルとしてウォータフォール型について説明しましたが、その際に示した工程の名称や区分は、最も基本的なものであり、本書でもそれに沿って説明します。

　しかし、実際に行われているウォータフォール型の開発モデルの工程に付けられている名称や区分は、必ずしも本書と同じではありません。開発企業によって少しずつ異なります。

具体的にはどのように異なるのでしょうか？

　表2.7を見てください。この表は、本書の工程名とほかで使われている工程名を比較したものです。

表2.7　工程名称や区分が異なる例

本書	SLCP	A社	B社		C社
要求定義 要件定義	企画 要件定義	基礎設計(BI/BD)	要件定義企画		
外部設計	開発	機能設計(FD)	設計	処理設計 画面設計 クラス設計	外部設計 内部設計
内部設計		詳細設計(DO)			
製造		製造(M)	コーディング		製造
テスト 単体テスト	テスト	単体試験(UT)	製造	単体試験	単体試験(UT)
テスト 結合テスト		結合試験(ST)		結合試験	結合試験(IT)
テスト 総合テスト		総合試験(RT)	試験	総合試験 総合運転試験	総合試験(PT)

2.03 工程の名称と作成文書　041

表中にある「SLCP」はSoftware Life Cycle Processの略で、もともと異なる文化を持つ顧客と開発企業が、システム開発の一連の流れを同じ視点で理解し、コミュニケーションに不自由がないよう策定された、システム開発に関連する言葉、尺度、手順などの枠組みです。

　SLCPでは、表に示した工程をプロセスと呼んでおり、それぞれのプロセスはさらに細かいプロセスに分けられています。また、開発後の運用プロセスや保守プロセスも定義されています。また、表2.7のA社は自社事業に使用するソフトウェアを自社で開発している企業、B社とC社は大手ソフトウェアベンダです。

　最左列が本書で使用する工程の名称と区分です。要求定義と要件定義、外部設計、内部設計、製造、製造の一部として単体テスト、テストの一部として結合テスト、総合テストを使用します。これに対して、SLCPにおける定義は、設計からテストまでの工程をまとめて開発工程とし、開発工程の中にテスト工程を含みます。

　A社の定義は、本書での要求定義および要件定義から総合テストまでを個別の工程に分類しています。設計に関する名称は、基礎設計、機能設計、詳細設計となっており、本書の要求定義と要件定義、外部設計、内部設計とは大きく異なります。

　B社については、設計、製造、試験という大きな区分を設け、その中を細かく分類しています。ただ、外部設計、内部設計という区分はせずに、設計工程の中に、外部から見える部分（処理設計、画面設計）と、内部の構成に関する部分（クラス設計）が混在しています。

　最後のC社は、比較的本書に近い定義をしています。外部設計、内部設計の明確な区分はありません。

　このように、同じウォータフォール型の開発モデルを用いる場合でも、工程の名称や区分には微妙な相違があります。これは混乱の原因となりますので注意が必要です。例えば、A社の人が基礎設計といった場合は、本書での要求定義と要件定義を指しますが、B社やC社では、本書の外部設計以降が設計に該当するように、思い浮かべる工程にずれが生じる

可能性があります。

　複数の企業で開発を行う場合には、このようなずれが生じないよう、開発工程の名称についても意思統一を図る必要があります。

　また、開発工程の名称・区分は、日常業務で用いる場面が多いのに、長いものや言いづらいものが多いため、略称を用いることも少なくありません。「あのシステムのFDの終了予定はいつですか？」のように使います。このような略称も企業によって異なるため、注意が必要です。

作成する文書と記述項目

　ところで、各工程間では文書で情報を引き継ぐことを説明しましたが、実際にどのような文書を作り、どのような記述をすればよいのでしょうか？　作成する文書と記述項目を考えてみましょう。

最低限作らなければならない文書の種類を教えてください

　ウォータフォール型開発モデルのシステム開発においては、要求定義と要件定義工程で「要件定義書」を作り、外部設計工程で「外部設計書」、内部設計工程で「内部設計書」を作成するのが基本です。

　また、実務的には、顧客に提案と説明を行うための「システム提案書」、社内的な開発に関する意思決定を記録する「開発計画書（プロジェクト計画書）」、さらには開発プロジェクトの総括などを行う「プロジェクト完了報告書」なども併せて作ります。

　表2.8は、システム開発における基本的な文書の作成時期と文書名、さらにその文書に記述すべき項目を示したものです。表に示した同じ機能でも、要件定義書に記述する機能と、外部設計書の機能は、その詳しさの程度が大きく異なる点に注意してください。

表2.8　作成文書と記述項目

分類	作成時間 / 記述項目	プロジェクト開始時 開発計画書（プロジェクト計画書）	要求定義・要件定義工程 要件定義書	要求定義・要件定義工程 システム提案書	要求定義・要件定義工程 開発計画書	外部設計工程 外部設計書	内部設計工程 内部設計書	プロジェクト終了後 プロジェクト完了報告書
外部仕様	背景	△	○	○				△
	課題	△	○	○				△
	目的・方針	○	○	○	○	○		○
	概要	○	○	○	○	○		○
	機能		○	○	○	○	△	○
	システム化の範囲		○	○				
	ユーザインタフェース		○	△	△	○	△	△
	システム構成		○	○	○	○	△	○
	ソフトウェア構成		○	○	○	○	△	
	ハードウェア構成		○	○	○	○	△	
	ネットワーク構成		○	○	○	○	△	
	システムインタフェース		○	○	○	○	△	
内部仕様	プログラム構造				△		○	
	データ構造				△		○	
	ネットワーク構造				△		○	
	処理ロジック						○	
	メッセージ						○	
運用	導入・移行計画		○	○	○			
	運用・保守		○	○	○			
共通	用語の定義	○	○	○	○	○	○	
	作業標準	○	△	○	○			○
	品質管理	○	△	○	○			○
	開発環境			△	○			
	工程計画	○	○	○	○			○
	体制	○	○	○	○			○
	費用・工数・規模	○	○	○	○			○
	成果物	○	○	○	○			○
内部用	蓄積技術							○
	提言							○

○：必須　△：書いても良い

　表には、その文書に盛り込むべき情報の種類のみを示してあります。各文書の項目について、どのような視点でどの程度詳細に記述すべきかについては、第3章で説明していきます。

またA〜C社のように、開発プロセスの区分が本書と異なる場合でも、工程を対応付けることによって、記述項目を見つけ出すことができます。また、各文書には表2.8にある以外の項目を記述しても問題ありませんが、資料が冗長過ぎると、相手に十分読んでもらえない可能性があります。情報の詰め込みすぎには注意しましょう。

　なお、第3章では、ウォータフォール型の開発モデルに沿って、実際に作成する文書などを見ていきますが、実務的な視点から必要だと思われる文書についても取り上げていきます。そのため、表2.8にある文書よりもさらに多くの文書が登場します。

Chapter2

04 チャート記法

　システム開発においては、工程間の情報の引き継ぎに、文章以外に
チャート、つまり図を多く使用します。ここではシステム開発で用いら
れる代表的なチャート記法について説明します。

UML

　UML（Unified Modeling Language）は、オブジェクト指向に基づ
いてオブジェクトをモデル化するための記法です。UMLが登場する以前
は様々な記法が乱立していましたが、UMLにより記法が統一されたこと
から、Unifiedという名称が使われています。

　初期の版であるUML 1.1は1997年に、UML 2.0はその後の2004
年に発表されました。もともとオブジェクト指向のために開発された
UMLですが、現在は汎用的なモデリング言語として幅広く使われていま
す。

　表2.9に示すように、UMLには複数種類のダイアグラム、つまり記法
が含まれています。ダイアグラムは、大きく「構造図」と「振る舞い図」
の2種類に分けることができます。構造図はシステムの静的な構造を、
振る舞い図はシステムが動作する様子を表します。

046

表2.9 UMLのダイアグラム

区分	名称	概要
構造図	クラス図	システム内のオブジェクトとオブジェクト間の静的な関係を表す
	オブジェクト図	ある時点での、システムに存在するインスタンスの状況を表す
	パッケージ図	オブジェクトをグループ化するパッケージと、パッケージ間の依存関係を表す
	配置図	ハードウェアやソフトウェアの物理的な位置を表す
	コンポジット構造図	クラスの内部をさらにクラスに分解することにより、内部構造の階層的な表現を可能にしたもの
	コンポーネント図	システムで用いるコンポーネントやその関係を表す
振る舞い図	シーケンス図	オブジェクト間のメッセージのやり取りを時系列に沿って表す
	ユースケース図	ユーザとシステムとの間の典型的なやり取りを表す
	状態マシン図	システムやオブジェクトの状態に着目して、その振る舞いを表す
	アクティビティ図	処理ロジックや業務などを表す。フローチャートに似ている
	コミュニケーション図	オブジェクト間の関連性を表記し、その中にオブジェクト間でやり取りするメッセージを加えたもの
	相互作用概要図	アクティビティ図とシーケンス図を組み合わせたもの
	タイミング図	システムの動作やオブジェクトの状態を時系列に沿って表す。電子回路におけるタイミング図に似ている

　ここで言う静的、動的とは何でしょう。例えば、3人がおしゃべりをしている様子を表現する場合、その場に誰がいて、どのような位置に立っているかなど、時間の流れと関係なくその場の状況を表す情報は、静的な情報に相当します。一方、その3人が繰り広げる実際のおしゃべりの様子は、時間の流れに沿って変化するものであるため、動的な振る舞いに相当します。UMLでは、複数種類のダイアグラムを使ってこの両者を表現することができます。

　以下に、よく使われる代表的なダイアグラムを、レンタカー業務を例にして示します。

　「クラス図」は、オブジェクトのひな型であるクラス同士の静的な関

2.04 チャート記法　047

係、すなわちどのようなクラスが存在し、どのような関係を持つかについて記述することができます（図2.1）。

「シーケンス図」は、オブジェクト同士のメッセージのやり取り（メソッドの呼び出し関係）、すなわちオブジェクト間の動的なやり取りを、時間の流れに沿って表します（図2.2）。

「ユースケース図」は、システムが提供する機能とその利用者との動的な関係を記述することができます。利用者を「アクター」、システムが提供する機能を「ユースケース」と呼びます（図2.3）。

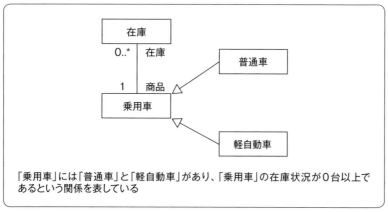

図2.1　クラス図の例

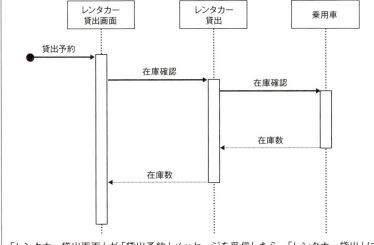

図2.2　シーケンス図の例

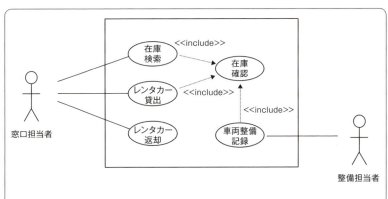

図2.3　ユースケース図の例

2.04 チャート記法

アクティビティ図

　アクティビティ図は、処理の流れ（一連の手続き）を表現するための記述方法で、フローチャートと似ています。フローチャートと異なり並列の処理を表すことができます。プログラムの処理を記述する以外に、業務フローの記述にも利用されています（図2.4）。

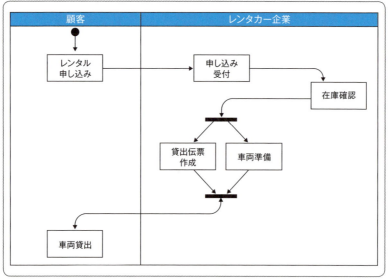

図2.4　アクティビティ図の例（レンタカーの貸出業務フロー）

フローチャート

　フローチャートは、簡潔な図記号を使って処理やデータの流れを視覚的にわかりやすい形で描く記法です。使用する図記号はJISX0121として規格化されています。

　処理やデータの流れを記述するための記法として、フローチャートは長年にわたって使われ、その認知度が非常に高いのが特徴です。プログラムの処理の流れ以外に、業務プロセスや手続きの流れを記述する目的

でも使われます。

　フローチャートに使用する主な図記号には、図2.5のようなものがあります。端子で始まり、処理の流れに合わせて処理や定義済み処理を線で結び、条件によって処理が分岐する部分では判断によって線の分岐を繰り返し、最後は再び端子で結ぶというのがフローチャートの基本形です（図2.6）。

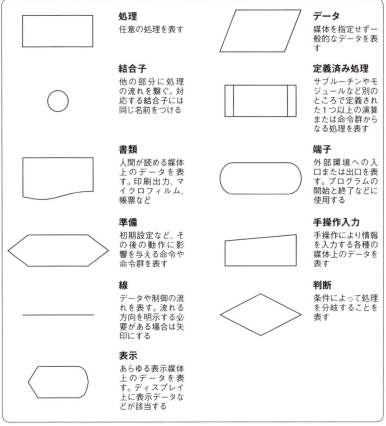

図2.5　フローチャートで使用する記号

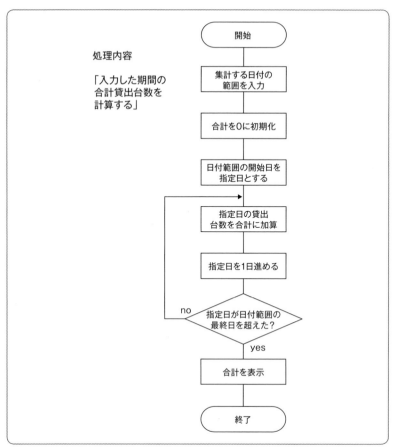

図2.6　フローチャートの例

　なお、近年ではフローチャートの図記号の細かい使い分けをせず、処理、定義済み処理、判断、端子、結合子、線くらいを用いて記述するケースが多いようです。
　フローチャートは、簡潔で基本的な構成要素しか持たないため、プログラミング言語を問わず広く利用できるという特徴があります。その反面、構造化プログラミングやオブジェクト指向プログラミングで新たに導入された概念を表す図記号がないため、表現力の面でやや力不足の感が否めません。

状態遷移図（状態マシン図）

「状態遷移図」は、何らかのイベントによってその内部状態が変化するという考え方に従って対象を記述する記法です。状態遷移図は、本来の処理を行っている最中に、人間の操作や各種の制御信号など非同期イベントへの対応が求められる組み込み系システムの要求分析・要件分析でよく用いられます。なお、状態遷移図は「状態マシン図」「状態図」などと呼ばれることもあります。

記法は何種類もありますが、ここでは代表的なUMLの記法で説明します。UMLでは、状態を四角で、状態の遷移を矢印で、また開始状態を黒丸で、終了状態を二重線の黒丸で表記します。状態の遷移を表す矢印のそばには、発生したイベントとそのイベントにより発生するアクティビティを／で区切って記述します。イベントとは何らかのきっかけを意味し、アクティビティとはそのきっかけによって起こる出来事と考えるとわかりやすいでしょう。なお、イベントのみを記述した場合は、アクティビティがないことを意味します。

図2.7は、PC上のスクリーンセーバの動作を状態遷移図で表したものです。利用者が手動でスクリーンセーバを起動する場合と、あるいは何も操作しない時間がN秒続くと画面が消え、画面が消えた状態で利用者がPCを操作すると再び画面が現れる場合とがあることを表しています。

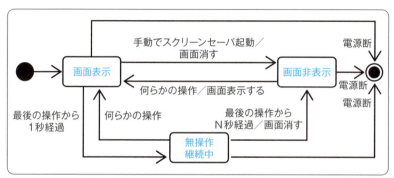

図2.7　スクリーンセーバの動作を記述した状態遷移図

DFD（Data Flow Diagram：データフロー図）

DFDは、業務やシステムにおけるデータの流れを表現する記法です。データの発生、データの流れ、その中で行われる処理などを書き表すことに適しています。DFDは、業務フロー以外にも、システム内でのデータの流れを明らかにしたり、分析したりするためにも使用します。

またDFDには、描く単位をどの程度細かく設定するかによって、概要を表すことも、詳細を表すこともできるという特徴があります。そのため、まずは概要のDFDを作り、その中をさらに詳細化するというように、設計を段階的に行うことができます。これは構造化設計の手法の1つと言えます（表2.10、図2.8）。

表2.10　DFDの構成要素の説明

構成要素	内容
データフロー	データの流れを表す。矢印はデータの送り元から送り先へ向かって引きます。異なるデータは別の矢印として表します。フローチャートのように、処理の流れや処理を始めるきっかけを表す目的には使用しません（図2.8左上）
プロセス	データに対する処理を表す。プロセスに入るデータフローを、プロセスから出ていくデータフローへ変換する働きを持ちます。プロセスにも名前を付けます。プロセスの名前は、「～する」のように動詞で表現するのが一般的です（図2.8左下）
ファイル	一時的なデータの保存場所を表す。それ自身がコンピュータ上に存在するファイルである必要はなく、例えば、申込書受領箱のように業務上存在するファイルも、ファイルとして表現します（図2.8右上）。
データ源泉とデータ吸収	データ源泉はデータが発生する場所を表し、データ吸収はデータがたどり着く場所を表す。記述しようとするDFDの範囲外からデータが入り、それがまた範囲外に出るとき、それぞれをデータ源泉、データ吸収で表現します（図2.8右下）。

054

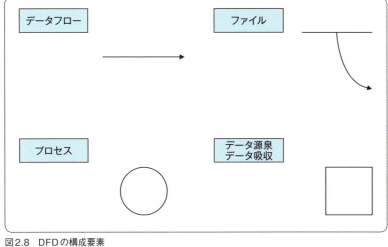

図2.8　DFDの構成要素

　図2.9は、先ほど述べた申込書受付業務の流れをDFDで表現したものです。日本語で書いた場合と比べ、はるかに読みやすく、業務の全体像を把握しやすくなったことがわかります。

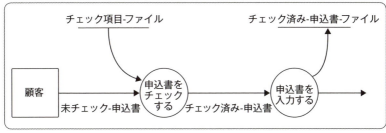

図2.9　申込書受付業務をDFDで書いた例

演習課題

　職場にある作業標準や開発ルール集を調査し、開発に対して与えている影響について考察しましょう。

第2部

ウォータフォール型
開発モデルでの開発

第3章 開発プロセスと要求定義・要件定義

第4章 設計

第5章 製造とテスト

第2部では、ウォータフォール型開発モデルの全体像と各工程での作業内容を説明します。

　ウォータフォール型開発モデルはシステム開発の基本なので、これを理解しておくことで、第3部で説明するアジャイル型開発モデルの理解も進みます。ウォータフォール型開発モデルとアジャイル型開発モデルは相反するものではなく、共通する知識も多くあるので、両方の知識を身につけましょう。

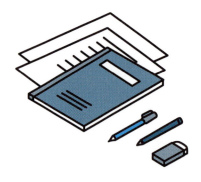

第2部　ウォータフォール型開発モデルでの開発

第3章
開発プロセスと
要求定義・要件定義

この工程で作成するドキュメント
●要件定義書

第3章では、ウォータフォール型開発モデルの流れと、最初の工程である要求定義・要件定義を説明します。あいまいな要求を要件として具体化する工程はシステム開発で最も難しく、かつ面白い工程です。

Chapter3
01 要求定義と要件定義

　本章では、ウォータフォール型開発モデルの説明を行います。ただし、開発企業によって工程の名称や区分が少しずつ異なることは、前に説明しました。同じウォータフォール型開発モデルであっても、多くの場合、これらは名前の付け方やとらえ方、そして利便性や効率を見越した細かな手順の違いから生じる小さな相違があります。

　ここでは、図3.1のような開発プロセスを想定しています。顧客の要

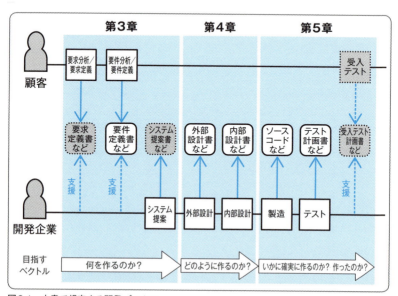

図3.1　本書で想定する開発プロセス

求を引き出し文書化する「要求定義」から、出来上がったシステムを顧客が検収する「受入テスト」までの8つの工程に分かれています。

各工程では、まず「何を作るのか？」を洗い出し、次に「どのように作るのか？」を検討、決定し、最後に「いかに確実に作るのか？ 作ったのか？」を推進、確認するという順に進めます。この手順を段階的に進めていくのが、ウォータフォール型開発モデルの特徴でした。

まずは、この先にどのような流れで話が進むのかを大まかに把握しておいてください。

要求定義と要件定義

上流工程の中でも最も早い時期に行われるのが、「要求定義」と「要件定義」です。開発プロセスの最初の段階で、何を作るのかを決定する工程です。

ここで質問です。何を作るのか、の答えは誰が決めるものでしょうか？

システムを開発する企業でしょうか？

残念ながら違います。システム開発企業はシステムを開発しますが、顧客の業務の理想的な手順や、現状の問題点をすべて把握することはできません。そのため、顧客が求めるシステムのあるべき姿をシステム開発企業が描くことは非常に困難です。

しかし、システム開発企業は、どのような構成にすればプログラムが安定して効率よく動作するかということは知っているので、その部分では力を発揮できます。

このような事情から、ウォータフォール型開発モデルの初期段階は、要求定義と要件定義の2つの工程に分かれています。

要求定義と要件定義の違い

　まず要求定義ですが、顧客が自分のやりたいこと、すなわち顧客の「要求」を見定める工程です。どのような業務があり、そこにはどのような問題が存在し、どのように解決したいのか、あるいは解決できずにいるのかというような顧客の業務の要求を引き出し、整理して文書化します。こうして文書化したものを「要求定義書」と呼びます。

　要求定義書には、重複、矛盾、不足があってもかまいません。それらは、後に続く要件定義で整理され、システム化に適した形に整えられます。

　要求定義は、本質的には顧客自身が行うべき工程ですが、誰しも自分のことが一番わからないと言われるように、現実には顧客が自分で自分の要求を定義することは容易ではありません。そのため、業務アナリストと呼ばれる人々や、システム開発企業の力を借りる場合も多くあります。

　一方の要件定義は、先に出てきた要求定義を基にして、顧客が専門家であるシステム開発企業の協力を得たりしながらシステム化すべき項目、つまりシステムの「要件」を整理する工程です。整理した項目を文書化したものを「要件定義書」と呼びます。公共機関などでは、システム開発企業の力を借りるために、要件定義書を作成する業務が公募されることもあります。

　要求定義と要件定義の関係を図3.2に示します。

　要件定義は、システムの基となるバイブルのようなもので、重複、不足、矛盾などが存在してはいけません。ウォータフォール型開発モデルでは、万一、過不足や矛盾があっても、それに気づくのは後の工程です。そこから、大きな手戻りが発生することになります。

　手戻りは開発スケジュールを遅らせるだけではなく、開発コストにも直接影響しますので、可能な限り避けなければなりません。そのため、要件定義は開発プロセスの中でも、特に慎重かつ冷静に行うべき工程と

言えます。

　さらに、要件定義は作るものを定義する工程ですから、実現性についても十分検証されている必要があります。

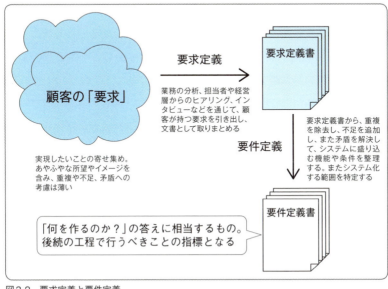

図3.2　要求定義と要件定義

　ところで皆さん、要件定義を行う人に、プログラミングの経験は必要だと思いますか？

システムを作るので必要だと思います

　正解です。短絡的に考えれば、プログラミングの経験がなくても要件定義は可能です。しかし、プログラミングやシステム設計の経験がある人は、その後に何が行われるのかをよく知っているため、以降の工程のことを考慮しながら要件定義ができます。「次工程はお客様」と言われることがありますが、顧客を熟知した企業が顧客満足度の高いサービスを

提供できるのと同様に、プログラミングやシステム設計などの後工程を
知っている人は、より適切な要件定義ができるのです。

要求定義と要件定義を区別するコツ

　ここで、要求定義と要件定義が紛らわしくて混乱するという人に、区
別の方法をお教えしましょう。わからなくなったら、その言葉の前に
「顧客の」「システムの」と付けてみてください。

　「顧客の要件」という表現はおかしいですね。「顧客の要求」は意味が
通ります。また、「システムの要求」というとシステムが自己主張するよ
うで違和感がありますが、「システムの要件」ならすっきりします。この
ことからも、要求定義は「顧客の」要求定義であり、要件定義は「シス
テムの」要件定義であることがわかると思います。

要求定義と要件定義で重要なこと

　顧客が、自分がやりたいことをまとめたものが要求定義であり、それ
をシステムとしての要件にまとめたものが要件定義です。これらは以降
の工程にとって、バイブルとなるものです。したがって、要求定義・要
件定義では、システムの全体像が把握でき、システムが目指している基
本的な概念（コンセプト）が明確になっている必要があります。そのた
めの手法として、ステークホルダ分析があります。

　ステークホルダとは、システムに関わる人や組織のことであり、利害
関係者という意味があります。ステークホルダ分析とは、関係する人や
組織を抽出し（ステークホルダ抽出）、要求、要件をステークホルダ各々
の立場から分析、整理し、システムの利用イメージ、あるべき姿の明確
化を行い、システムの開発範囲としてステークホルダ間で合意するとい
う進め方を意味します。

064

Chapter3

02 機能要求と非機能要求

要求は機能要求と非機能要求でとらえる

　先ほど、要求とは顧客の要求であると説明しましたが、要求は、さらに「機能要求」と「非機能要求」に分類してとらえます（図3.3）。

　システムに求められる処理機能を機能要求と呼びます。機能要求は、顧客の業務に必要な手順を実現するための機能ということもできます。例えば、「顧客の氏名を登録する」「顧客の氏名から住所を検索する」などの要求は、機能要求となります。

　これに対して、「顧客の氏名から住所を検索する処理は0.5秒以内で完了する」「システムが故障した場合でも1時間以内にサービスを再開する」といった要求は、システムに求められる処理機能でも、顧客の業務に必要な手順でもありませんが、システムが兼ね備えるべき条件と言えます。このような要求を非機能要求と呼びます。

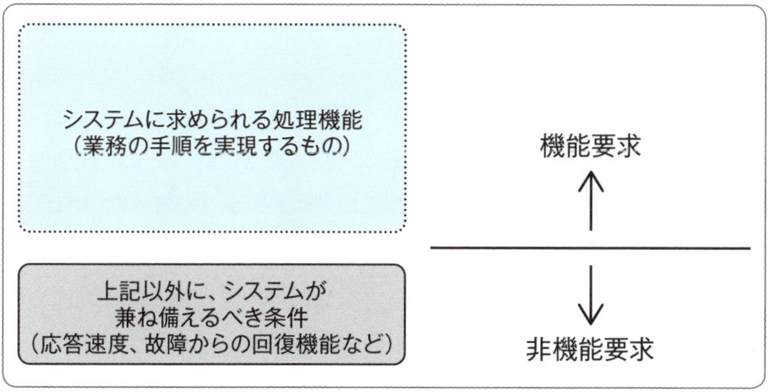

図3.3　機能要求と非機能要求

3.02 機能要求と非機能要求　065

非機能要求はシステム全体に関わるものが多く、その要求を満たさないシステムは、顧客には受け入れられない場合も考えられます。例えば、「必要な機能は入っているけれど、こんなに処理が遅くては使い物にならない」と言われた場合、それは非機能要求を軽視した結果かもしれません。

　このように性質の違う2つの要求は、この先の設計工程においても、実現方法が異なります。多くの場合、機能要求はプログラム内部でのデータ処理の仕方やデータベースの作り方を、非機能要求はハードウェアなどのシステム構成要素を左右します。このように性質が異なるだけではなく、影響を与える対象や設計手法も異なるため、両者を分類してから別々に検討する場合が多いのです。ただし、非機能要求でもそれに応えるため、特別な処理方式（例えば高速に処理できる方式）や、特別な機能の具備（例えばセキュリティ要求を満たすため、暗号化機能を導入する）など、機能要求として規定すべき要求もあるため、連携しての検討も必要です。

機能要求の範囲・非機能要求の範囲

機能要求と非機能要求はどちらが多いのでしょうか？

　「対象とするシステムによって異なります」というのが正しい回答になるでしょうか。ただし一般論で言えば、機能要求に比べると、非機能要求のほうが要求の範囲が広範にわたる傾向があります。その理由は、顧客の要求のうち、機能要求以外はすべて非機能要求だからです（図3.4）。機能要求の範囲がよほど大きくない限り、非機能要求の範囲のほうが大きくなることは理解できると思います。

　このような特性から、非機能要求はなかなかのくせもので、その全体を抜けなくカバーして洗い出すことは容易ではありません。

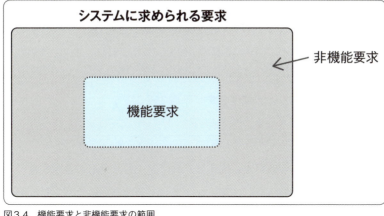

図3.4 機能要求と非機能要求の範囲

ちなみに、この非機能要求を網羅的にとらえようとする動きもあります。JUAS（日本情報システム・ユーザー協会）が2008年7月に発表した「非機能要求仕様定義ガイドライン」はその1つで、非機能要求を10種類の特性に分類して、230の指標で定量的にとらえることを提案しています。分類には、表3.1のようなものがあります。

表3.1 非機能要求の分類

特性	考慮される事項の例
機能性	必要な他システムと接続できるのか、適切なセキュリティは確保されているかなど
信頼性	潜在問題を回避する能力、故障時にデータを回復する能力など
使用性	利用者が使い方を理解しやすいか、標準の使い方に沿っているかなど
効率性	適切な応答時間で反応するか、適切なメモリ利用量かなど
保守性	欠陥の診断や問題個所の識別ができるのか、必要な修正が加えられるかなど
移植性	異なる環境でも使えるか、ほかのソフトと共存できるのかなど
障害抑制性	障害の発生を防げるか、障害の広がりを防げるかなど
効果性	投資効果は十分かなど
運用性	品質目標をクリアしているか、災害対策は十分かなど
技術要件	技術要件システムの構成は適切か、開発標準は適切かなど

思いつきに頼らず、一定のガイドラインに沿って非機能要求を洗い出し、さらに定量的に満たすべき基準を定めることは、要求の質を高めることにつながります。

機能要求と非機能要求が矛盾することはないのでしょうか？

　それは十分にあり得ます。例えば、機能要求としてある処理を実現したいけれども、その処理には膨大な計算が必要で、最新のコンピュータを使っても「応答時間0.5秒」という非機能要求を満たせないというような場合、機能要求と非機能要求は矛盾してしまいます。
　このような場合、要件として整理する際に、過不足や矛盾がない形にして解決を図ります。

顧客への説明・提案（システム提案書）

　要件定義は、システムが持つべき機能要件、非機能要件を顧客の立場からまとめたものです。これを受けて開発企業はどのようなシステムを開発するのかについて、顧客に理解してもらい、開発発注判断をしてもらわないと、開発に着手することができません。そのための説明資料をシステム提案書として作成します。
　システム提案書は、システム開発企業が顧客に対して、システム開発の全体像を説明するための文書です。顧客は、この文書からシステムの全体像や機能、業務や経済上のメリット、必要経費、稼働時期などを読み取り、発注するかどうかを決定します。システム開発企業にとって、システム提案書の最終目標は、開発の受注です。
　企業がシステムを開発する場合、一般的にはこのシステム提案書を複数のシステム開発企業に作成してもらい、費用対効果、業務改善の度合い、システム開発企業に対する信頼度、システムの提案内容などを総合

的に比較、勘案して、発注するシステム開発企業を決定します。一般的に、システム提案書の作成では、顧客に対して次の3つを意識します。

（1）システムについて理解してもらう
（2）システム化の意義を理解してもらう
（3）自分たちを信頼してもらう

まず（1）ですがシステムについて理解してもらうためには、相手の立場に立つことが第一です。そして、あいまい性のない、明確な情報に基づいて説明する必要があります。システム提案書からは、少なくとも、

●システム化によって解決しようとする問題
●システムの機能
●システムの構成
●開発に必要な日数
●開発に必要な費用

という点が読み取れなければなりません。また、システム化した後に業務プロセスがどう改善されるのか、どのくらい業務が軽減できるのかなど、システムを取り囲む業務フロー全般を示すことも大切です。

業務フロー全般を明らかにしたうえで、次に（2）のシステム化の意義を理解してもらう必要があります。システム化の意義とは、単純に言えば、メリットからデメリットを差し引いても、システム化する価値があるということを意味します。ここで言うメリットとは、多くの場合は経済的なメリットですが、直ちに経済的なメリットとして現れないものもあります。そのような場合は、可能な限り収益に換算して提示するとわかりやすくなります。ただし、それが難しければ、ほかの尺度を用いてもかまいません。

顧客に意義を理解してもらう際は、メリットだけではなく、デメリッ

3.02 機能要求と非機能要求　　069

トも明示することが重要です。メリットとデメリットの両方があるけれども、メリットのほうが大きいのでシステム化の価値があるというロジックを用いてリアリティと顧客の信頼感を高め、より深く納得してもらえるよう努力しましょう。

蛇足ですが、このメリット、デメリットは、1人で考え出そうとしてもすぐにアイディアが浮かばなくなり、つらくなります。可能であれば、チームでブレーンストーミングをするとよいでしょう。

また、システム化の意義を説明する相手には、システム担当者だけではなく、経営者も含めるようにしましょう。システム提案書には単なるシステムの機能や改善される業務だけではなく、経営に与える好影響などについての考察も追記しておくと、より深く納得してもらえる可能性が高まります。

最後に（3）の自分たちを信用してもらうについてですが、初対面の相手から「1億円でシステムを作りませんか？」と勧められて、「はい、作りましょう」と答える人はどこにもいません。システム提案書の内容や、システム開発体制の充実を通して、少しでも顧客の信頼を得るための努力が必要です。

そのために、システム提案書には、顧客の立場に立って意義や目的を真剣に検討した結果を提示しなければなりません。顧客から「いい加減なことを言っているな」と思われた時点で、受注にはつながらないでしょう。

文章の書き方1つをとっても、細かいところまで気を配る必要があります。文章への細かな気配りができない人たちが集まる企業に、システムの細かなエラー処理などできないだろうと考える顧客は少なからずいます。

「ここの企業は技術力があるな。担当者たちは熱心で、気配りも細やかだ」と思ってもらえるかどうかが、決め手の1つになると言っても過言ではないでしょう。

実際のシステム開発では、要件定義書とシステム提案書を別の担当者

が書くことも珍しくありません。これはシステムの規模が大きいからという理由だけではなく、企業がまず要件定義だけを外部に発注したり、自ら要件定義を行ったりして要件定義書を作成した後、要件定義書を公開して、要件に合致するシステム提案書をシステム開発企業に公募するという手順を取る場合があるためです。

このように、要件定義を公開してシステム提案書を公募すること（またそのための文書）を「RFP（Request For Proposal：提案依頼書）」と呼びます（図3.5）。

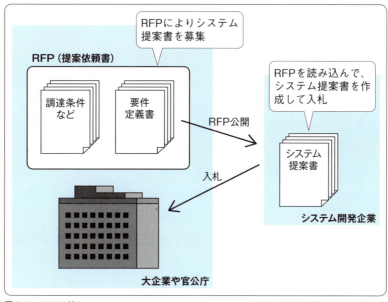

図3.5　RFPの流れ

Chapter3
03 要件定義書の記述項目と記述例

要件定義書の作成手順

　少し話がそれてきました。話を本筋に戻して、ここでは要件定義書の書き方を説明しましょう。

　なお、要件定義書の前に要求定義書が作られることはすでに説明しました。この要求定義書は、顧客が主体になって作成するものですから、ここでは要求定義書はすでに完成しているものとします。

要件定義書は、どのような手順で作成すればよいのでしょうか？

　一般的に、要件定義書は次の流れで作成するとよいでしょう。

（1）要求定義書の記述内容をしっかり把握する
（2）要求定義書の内容をシステム化することを想定し、重複する機能があれば除去、不足する機能があれば追加する
（3）システム化した際の、機能間の矛盾を確認し、課題がある場合は解決する
（4）どの機能までをシステム化するかというシステム化の範囲を決定する
（5）要件定義書としてまとめる

　例えば（2）ですが、要求定義書に「利用者の情報を検索する」という機能要求があった場合、どこかに「利用者情報を入力・編集・削除す

る」という機能要件があるはずです。もしもこの要件記述がない場合は、追加する必要があります。

　また、「利用者情報を入力・編集・削除する」という要件が複数の機能で重複しているような場合、システムとして見たときには「利用者情報の管理機能」として独立した1つの機能としてまとめたほうが適切に整理できることもあります。

　さらに、機能要件として規定する場合、いくつかの代替となる機能が考えられる場合があります。その場合は、代替案を抽出して、利用者にとっての使いやすさや、システムとしての実現の容易性などの観点から比較評価し、最も適したものを選択・規定することや、実際にシステム化された場合を想定し、要求したとおりの動作をするかどうかをテストするためのテスト項目およびテスト方法を検討・抽出して、要件定義の妥当性を検証することも重要です。これは、要件を定義してもそれが実現でき、テストできるものとなっていないと意味がないからです。

　（3）については、例えば、「利用者は自由に使える」と書いてあるのに、別の記述では「利用者は先にログインしなければならない」と書かれているような場合が考えられます。このような矛盾はすべて解決して、システム全体で一貫性を保つようにする必要があります。

　（4）では、要求定義書の記述のうち、どの機能までをシステム化するのかを決めます。基本的には要求定義書に書かれた範囲がシステム化の範囲ですが、システム化に費やせる日程や費用が足りない場合、あるいは（2）や（3）で機能を追加、削除した場合には、システム化の範囲を再設定しなければならないことも少なくありません。

3.03 要件定義書の記述項目と記述例　073

要件定義書の記述項目とポイント

要件定義書には何を書けばよいのでしょうか？

　いわゆる規格として要件定義書の記述項目が定められているわけではありませんが、書くべき項目は概ね決まっています。少なくとも表3.2に挙がっている項目は含めるようにしましょう。

表3.2　要件定義書の記述項目（必須）

記述項目	内容
背景	システム化対象業務の背景や現状
課題	システム化対象業務の課題
目的・方針	システム化する目的や、課題の解決方針
概要	システムの概要や特徴
機能	システムが持つ機能（機能要求と非機能要求）の概略
システム化の範囲	システム化する業務や機能の範囲
ユーザインタフェース	システムで用いるユーザインタフェースのイメージ
システム構成	システムのハードウェア、ソフトウェア、ネットワーク構成の概要
導入・移行計画	システムの導入時期や既存システムからの移行方法
運用・保守	システムの運用や保守の体制、方法など
用語の定義	システムで使用する用語の説明
工程計画	仕様策定、設計、開発、テスト、導入などの主要な作業の完了時期
体制	開発を進める際の人的体制や作業環境など
成果物	顧客に納入する文書やプログラムなどの一覧

　また、一般的には開発計画書に記述する項目ですが、必要に応じて表3.3の項目を記述する場合もあります。

表3.3　要件定義書の記述項目（オプション）

記述項目	内容
作業標準	開発を進める際に準拠する作業標準やルール
品質管理	プログラムをテストする方法や、バグ発生の収束を判断する指標

　各項目は、以下の点に注意して記述すると、読みやすい要件定義書となるだけではなく、後からの問題の発生を抑えることができます。

(1) 役割分担・責任分担を明確にする

　要件定義書の記述内容には、システム開発企業の責任で行うこと以外に、顧客が自ら行うべきことがあります。それらは分担者を記述することで、後になって言った・言わないの争いを避けることができます。

(2) 可能な限り定量的に書く

　背景や機能などは、可能な限り定量的に書くことでシステムを取り巻く状況がはっきりします。ただし、この段階で根拠のない数字を書くのは危険です。あくまでも可能な範囲の記述にとどめます。

(3)「実現しないと決まったこと」も明記する

　要件定義書には「しないこと」も明記しましょう。これにより、要件定義書に書かれていないことが、「しないこと」なのか「まだ決まっていないこと」なのかがはっきりし、あいまいな解釈の防止につながります。

(4) 文体や表記は統一する

　要件定義書の内容には直接関係ありませんが、文章の読みやすさも品

3.03 要件定義書の記述項目と記述例　075

質の1つと考えます。使用する文体、表記、句読点の種類など、用字と用語は統一しましょう。

要件定義書の具体的なイメージ

実際の要件定義書を見たいのですが……

そうですね。百聞は一見に如かずという言葉通り、実物を見ることが理解への近道ですので、ここで実際の要件定義書の例をお見せしましょう。

78ページから示す文書は、社員食堂などで適切な座席を自動的に案内してくれるシステムの要件定義書の例です。読んでいくとわかりますが、単に空いている席を案内するだけではなく、健康管理データと関連付けて最適なメニューをアドバイスしたり、会話が盛り上がるよう共通点のある人同士を近くに配置したりするなど、ユニークな機能を備えています。

先に説明した記述項目と照らし合わせながら、各項目には何を書けばよいのか、要件定義書の具体的なイメージをここからつかんでください。

なお、要件定義書に限りませんが、作成文書はレビューなどによって、その内容を訂正することがあります。訂正を繰り返していると、次第にいつの時点の要件定義かわからなくなり、2世代前の要件定義書を修正してしまうといったミスが起こります。そのような事態を防ぐために、要件定義書の内容を書き換えるたびに、異なった番号を付けておきます。これを「バージョン管理」あるいは「構成管理」などと呼びます。

番号の付け方にはいろいろな流儀がありますが、一般的なのは、版数を「X.Y版」という形式で表し、X部分が0なら社内検討中、1以上ならその工程での正式文書と区分けする方法です。Y部分は最初が0で、文

書に小さな修正を加えるたびに1ずつ増やします。また、大きな修正を加えたらXを1増やし、Yを0に戻します（図3.6）。

　この流儀では、社内レビュー中の文書は0.1版、0.2版と版数を重ねていきます。最初の正式版が1.0版となり、小さな修正をするたびに1.0版、1.1版、1.2版と変遷します。もしも1.2版で大きな修正が行われた場合、次は2.0版と付けます。

 Yが10以上になったら、桁が繰り上がるのでしょうか？

　いえ、違います。0.9版の次は0.10版です。数値としてとらえるとおかしな話ですが、逆に版数として考えると繰り上がりに意味はありません。このようなものだと考えてください。

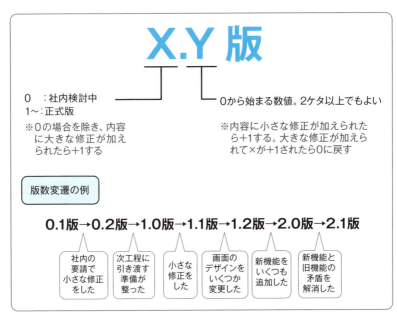

図3.6　版数の構成と変遷例

食堂自動座席案内システム

要件定義書

第 1.0 版

2XXX 年 X 月 XX 日

〇〇〇株式会社

1 背景

ワークスタイルの変化や健康指向の高まりに伴い、セルフサービス形式の社員食堂の運営においても、社員のデマンドをくんだ新サービスの提供が求められるようになった。この動きを受け弊社では、社員士気向上のための経営戦略の1つとして食堂システムの刷新を検討している。

弊社は全国で約2,000名の社員を抱える程度の規模があり、今回のシステム導入を検討する本社の社員食堂は、昼食のみで数百人規模の利用者をさばいている。

2 課題

現在、明らかになっている課題は次のとおりである。

(1) 食堂の設備規模に対して利用者数が多過ぎ、昼食時には食堂が非常に混雑する
(2) 近年、健康に気を配る社員が増えており、健康指向のサービスが求められている
(3) 若手が社内の人間関係に苦慮しており、円滑な人間関係を作る場として食堂を活用したい

3 目的・方針

2に挙げる課題を解決しながら、さらに社員の労働環境の向上を図ることを目的として、食堂の座席を自動的に案内するシステムを導入する。導入に当たっては、次の3つの方針を掲げるものとする。

(1) 現状の食堂設備を用いながら、中途半端な空き座席や、偏った着席を解消することで、特に昼食時の混雑感を緩和する
(2) 日常の食事を分析し、すべての社員に対して健康増進に向けたアドバイスを行う
(3) 共通点のある社員同士の着席距離を近づけ、人間関係醸成のきっかけ作りを支援する

4 概要

本システムは、社員食堂の各席に取り付けたセンサ情報、社員が使用する電子マネー機能、さらには興味をもつ分野などのプロフィール情報、過去の注文情報などを、食堂に設置したサーバコンピュータでマッチング処理し、社員各人に最適な座席とメニューを自動的に案内する機能を提供する。また座席案内の最適化により空き席や混雑席の偏在を解消し、食堂全体の混雑感を緩和する。

5 用語の定義

(1) 社員
　食堂利用時の支払いを電子マネーで行う、食堂を利用する利用者で、自分の意志に基づいてシステムに自分のプロフィール（健康情報など）を登録できる人
(2) センサ
　食堂の席個々に取り付けられ、利用中か利用中でないかを検知し、システムに通知するデバイス

6 機能

本システムの機能は大きく次の3つに分類できる。各機能の名称と働きを以下に示す。

6.1 混雑把握、席自動案内機能

　各席にセンサを取り付けて、その席に人が座っているか、また何分その席に座っているか、何人で食事をとりにきているかを把握する。その情報をもとに新しい客に対してどの席を案内すればよいかを決定して案内する。または、図1のように空席表示するシステムをつくる。客は空いている席を探す手間が省け、また席の計画と確保をシステムで管理することによって、中途半端な空き席や偏在のない割当てが可能になり、食堂の混雑感を緩和できる。

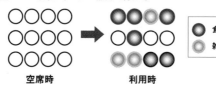

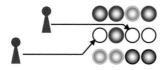

図1 混雑把握、席自動案内システムのイメージ

6.2 データに基づく健康増進レコメンド機能

　社員は電子マネーを用いて食事の支払をするため、食事データログにアクセスできると仮定する。社員の健康診断データなどを利用し、減塩食が必要な人には減塩メニューを提供し、また健康な人には不足している栄養素を含むお勧めメニューを提示することで、社員の健康増進を促す。

6.3 人間関係醸成のきっかけ作り支援

　昼食時の席案内サービスで、共通点のある人同士を近い席に配置することで、人間関係醸成のきっかけをシステマティックに作り出す。また社員同士の人間関係などを考慮しながら席を配置することにより、社員同士の積極的な交流を促進する。

6.4 利用者インタフェース

　利用者インタフェースとしての画面のデザインは、社内のイントラネットの規約に準じたものとする。

7 システム化の範囲

　本システムでは、社員の健康診断データの存在を想定しているが、これらの情報は機密度の高い個人情報であり、またその取扱いはデリケートでなければならない。そのため、これらの情報を他システムから流用することは現実的ではない。

　そこで、これらデータの他システムからの自動反映は、本システムの範囲とせず、社員個人が自分の意図に基づいてプロフィールとして入力することとする。

　また、今回のシステムは、全国展開を考慮して 5,000 名まで扱えるとともに、同時接続数は 500 を保証するものとする。

8 導入・移行計画

(1) □年○月×日をもって、既存の食券発行システムから新システムに完全移行する
(2) 既存システムが管理する過去の発券実績などのデータは新システムに移行する

9 運用・保守

(1) 通常時の運用は、定期バックアップなどを含め、運用会社に委託する
(2) 故障発生時は運用会社から保守会社に連絡して対応する
(3) システムの運用スケジュールは次のとおりとする

月～金　午前 08 時～10 時　：メニュー設定、釣銭設定、食券と座席券の補充
　　　　昼食時間　　　　　：運用（食券、座席券発行）、座席使用状況情報提供
　　　　午後 03 時～05 時　：保守（現金回収）

土～日　全日　　　　　　　：システム停止

10 工程計画

仕様凍結：□年○月×日
設計完了：□年○月×日
開発完了：□年○月×日
試験完了：□年○月×日
導入　　：□年○月×日

11 体制

(1) システム部門は、システムに対して導入まで責任を持って対応する
(2) 運用部門は、運用保守に対して責任を持ち、顧客対応およびオンサイト保守を実施する

12 成果物

(1) 顧客ヒアリング議事録
(2) システム設計書（外部設計書）
(3) 内部設計書
(4) 試験実施報告書、試験成績書
(5) 製造プログラムファイル一式
(6) マニュアル（運用、保守、操作）

以上

演習課題

　職場にある要件定義書や要求定義書を調査し、本書で説明した記述項目およびポイントと照らし合わせて、抜け漏れなどを考察しましょう。なお、文書名は、発注仕様書などのように名称が異なる場合があります。その場合には、先輩などに相談して確認してください。

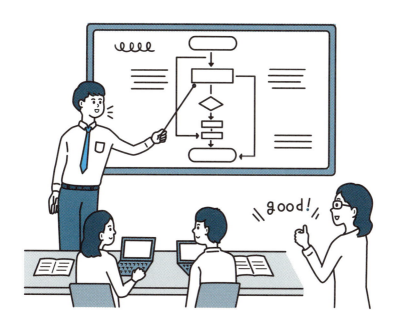

第2部　ウォータフォール型開発モデルでの開発

第4章
設計

この工程で作成するドキュメント
■外部設計
　●外部設計書
また関連する個別設計として
　　●画面レイアウト
　　●帳票レイアウト
　　●コード定義
　　●データベース一覧表
　　●ER図
　　●CRUD図
　　●ファイル仕様
　　●データ交換仕様
など

■内部設計
　●内部設計書
また関連する個別の設計として
　　●画面詳細設計
　　●帳票詳細設計
　　●リクエスト処理設計
　　●物理データ設計
　　●処理ロジックの詳細設計
　　●メッセージ詳細設計
　　●外部インタフェース設計
など

要件定義が終わると次に、外部設計では何を作るのか、内部設計ではどう作るのかを決めます。この工程で要件を漏れなく設計することで、品質の作り込みを行います。

Chapter4
01 外部設計

外部設計とは？

要件定義書、システム提案書は問題なく作成できましたか？

ここからは、いよいよ「設計」と呼ばれる工程に入ります。これまでの要件定義やシステム提案の工程では、開発するシステムの要件を総合的に考えながら、顧客の気持ちや人間関係もくみ取る必要がありました。外部設計以降の工程では、要件を実現する方法を技術的に検討していきます。要件を固めるまでは顧客視点でしたが、ここからは技術者視点になることに注意してください。

外部設計とは、どのような設計だと思いますか？

ソフトウェアの動作環境のことでしょうか？

外部設計とは、システムが持つべき機能や性能、あるいは構成など、システムを外部から見たときのシステムの振る舞いや構成を定義する工程です。少し表現を変えると、システムをマクロの視点で定義する工程とも言えます。

外部設計ではプログラムの書き方などは考えず、システムが持つべき機能を定義します。具体的にどのようなプログラムにするかなど、外部

からは見えない内部の様子、つまりミクロの視点での定義は、外部設計では行わず、次の工程である内部設計で定義します。

外部設計書の作成手順

外部設計では、システム提案書、開発計画書、要求定義書の内容を基に「外部設計書」を作成します。これまで作成した文書と異なり、外部設計書はかなり詳細に矛盾なく作成する必要があります。

外部設計書を矛盾なく作成するためには、最初から完成度の高い文書を目指すのではなく、まずはシステムが持つ側面ごとに各種の個別設計を実施し、それらをまとめて外部設計書として作成するのが一般的です。

では、外部設計書の具体的な作成手順を説明しましょう。外部設計書、の記述に必要な個別設計の種類は、対象とするシステムの種類によって異なりますが、業務システムでは図4.1に示す順で作成するのが一般的です。本書でもこの例に沿って説明していきます。

4.01 外部設計　087

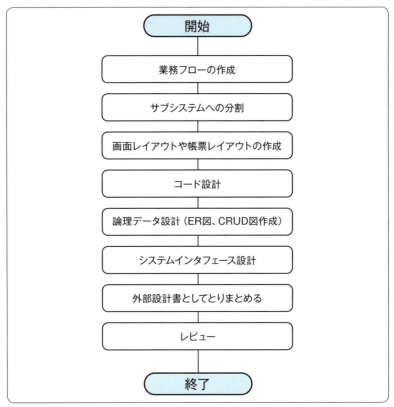

図4.1 外部設計書の作成手順

業務フローの作成

　まず、システム化の対象である業務を把握するために、「業務フロー」を作成します。業務フローを作成することで、業務のどの部分を新システムで置き換えるのか、新システムの導入により業務がどのように変わるのかなどの理解が容易になります。

　業務フローを作成する際は、システム化しない部分も含めて、やや広い範囲を対象とします。そうすることで、システム全体に対する、システム化する範囲の位置づけが読み取れるようになります。

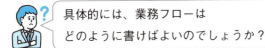
具体的には、業務フローはどのように書けばよいのでしょうか？

具体的な業務フローの書き方ですが、「申込書は、受付デスクで記入項目に漏れや誤記がないかどうかを申込者に確認した後、営業部でPC上の台帳に入力する」というように日本語で書くのではなく、図で表現します。図で示したほうが、フローが読み取りやすくなるためです。

その際、思いつくまま自由に書くことも可能ですが、誰が読んでも同じ解釈ができるように、標準的な図法を使用して書くのが一般的です。

業務フローを書くのに適した図法の1つとして、「DFD（Data Flow Diagram：データフロー図）」があります（2.04節：054ページ参照）。

サブシステムへの分割

システム開発では、システム全体を一気に作るわけではありません。システムをいくつかのサブシステムに分割し、サブシステム単位で開発するのが基本です。サブシステムへの分割は、業務フローを基に、業務上の作業単位やシステム開発の効率などを考慮しながら行います。そして、分割したサブシステムごとに、外部から見た機能を定義します。以降の各設計も、サブシステムごとに実施します。

なお、大きなシステムではサブシステムの中に複数の機能が含まれる場合があります。そのような場合はサブシステムをさらに分割するのが一般的です。また、サブシステムへの分割が適切かどうかは、後で説明するCRUD図などを用いて確認します。

画面レイアウトや帳票レイアウトの作成

画面レイアウトはディスプレイに表示する画面の構成を、また帳票レ

イアウトはプリントアウトする用紙の構成を定義したものです。これらの定義は、いわばシステムのユーザインターフェースの定義に相当します。

帳票レイアウトは固定されたものなので、帳票のデザイン、各項目の表示内容、表示桁数、表示するデータのタイプ、その項目は必須か任意かなどを記述すれば十分です。

画面レイアウトは帳票レイアウトと、どのような違いがあるのでしょうか？

画面のレイアウトは、帳票レイアウトよりも少し複雑です。なぜなら、画面は情報を表示するだけではなく、ユーザの入力を受け付け、それを画面表示に反映させる双方向性を持つためです。さらに1つの操作中に、複数の画面に遷移するシステムも多くあります。画面のレイアウトには、この遷移も記述する必要があります。

これらを適切に表すために、画面上の部品（ボタンやテキスト表示エリアなど）の配置に加えて、入出力値のタイプや表示条件、初期値などを含む入出力項目、画面の遷移順を示す画面遷移図、画面遷移や情報更新のきっかけ（イベント）が発生するタイミングなども、漏れなく記述しておく必要があります。

コード設計

システムが取り扱う情報のうち、書き表し方が複数あったり、入力者によって表記にバラつきが生じたりする可能性のある情報は、「コード化」するとうまく取り扱えるようになります。

コード化とは、ある内容に対して、番号や英数記号で作った特定のコードを割り当てることを意味します。利用者の性別、都道府県名、商品名などは、コード化の対象となる場合がよくあります。

システムで扱う情報のうち、このような性質を持つものは、外部設計の段階で値とコードの対応を定義しておきます。

論理データ設計

論理データ設計は、プログラムが保持するデータやデータ間の関連、データベースの構造を定義するために行う作業です。論理データ設計では、データの構造や関係を図で表現し、処理に適したデータの構造を作ります。データベースのテーブルの種類や構造を示したデータベース一覧表などの作成も、外部設計の段階で行います。

論理データ設計で用いる代表的な図法に「ER図」と「CRUD図」があります。ここでは、これら2つについて説明します。

(1) ER図

ER図は、現実世界に存在するモノを、複数の属性を持った「エンティティ（実体）」ととらえ、エンティティの相互関係を「リレーションシップ（関連）」で表現した図です。ER図の属性＝データなので、ER図によって、システムで使用する各データの相互関係を読み取ることができます。

ER図は、エンティティ、属性、リレーションシップの3つで構成されます。エンティティは現実の世界に存在するモノに相当し、属性はそのモノの特性です。例えば、社員というエンティティがあり、社員エンティティは社員番号、氏名、性別、年齢、所属などの属性を持つという関係を、ER図を使って表現することができます。

また、リレーションシップはエンティティ同士の関係を表すもので、あるエンティティが別のエンティティに所属する、あるエンティティが別のエンティティを所有するといった関係づけに使用します（図4.2）。

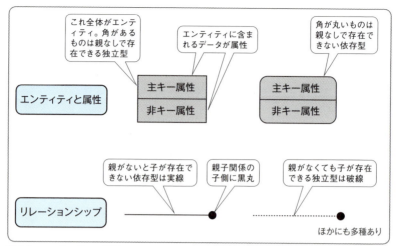

図4.2 エンティティ、属性、リレーションシップ

　リレーションシップにはいくつかの種類があり、エンティティ同士の依存の程度などにより、点線あるいは直線で表現します。ここではその詳細については触れませんが、例えば前に触れた、社員と所属部署の関係を描くと図4.3のようになります。

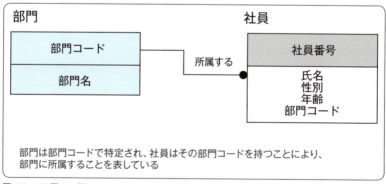

図4.3　ER図の一例

(2) CRUD図

　CRUD図は、ある操作を実行したとき、ER図に表れるエンティティに対して、どのようなアクセスが行われるのかを表形式で表したものです（図4.4）。

エンティティ ＼ プロセス	申込書チェック	申込書入力
未チェック申込書	R	
チェックリスト	R	
チェック済み申込書		R
チェック済み申込書ファイル		C/R/U/D

図4.4　CRUD図の一例

　CRUD図によって、エンティティに対して行われる操作を分析できるほか、同じエンティティへアクセスする機能が同じサブシステム内に収まっているかどうかなどのチェックもできます。

　エンティティへのアクセスは、生成（Create）、参照（Refer）、更新（Update）、削除（Delete）の4種類で表現します。CRUD図のCRUDとは、これらの頭文字です。

システムインタフェース設計

　外部とのデータのやり取りがあるシステムでは、システムインタフェースの設計を行います。システムインタフェース設計では、外部のシステムに渡すデータや受け取るデータの仕様を定義します。

　本書では、外部とやり取りするファイルの仕様は「ファイル仕様」、やり取りするデータの内容は「データ交換仕様」と呼ぶことにします。

　ファイル仕様には、文字コード、改行コード、フィールド構成、値の

4.01 外部設計　093

タイプ、空データの可否、最大レコード数などを記述します。データ交換仕様には、使用するネットワーク媒体の種類、トランスポートプロトコル、アプリケーションプロトコル、またファイル仕様に準じて交換するデータの形式などを記述します。

外部設計書としてまとめる

ここまでに実施してきた個別設計を、最後に外部設計書としてまとめます。外部設計書の記述項目については、この後で詳しく説明します。

レビュー

外部設計書に対しても、内容に誤りがないか、用字・用語は統一された書き方がされているか、誤字脱字はないか、見栄えは良いかなどの観点からレビューを行います。

システム提案書のレビューと違いがありますか？

外部設計書は、システム提案書と比べてその内容が広く深いことから、レビューにかかる時間も長くなるのが一般的です。経験則ですが、外部設計書の作成と同じくらいの時間を要します。

レビューに参加する人は、外部設計はもちろん、それ以降の工程に関する知識も持っていたほうがよいでしょう。そうでないと、積極的にレビューに関与することが難しくなります。逆に、レビューへの参加は確実に自分のスキルアップにつながりますので、機会があれば積極的に参加してみましょう。

ちなみに、もしも皆さんがレビューの記録係になったら、レビュー中の各参加者の発言の記録を、R) equest、Q) uestion、C) omment に

分類してレビュー表（図4.5）に記載してみてください。そうすることで、その発言が要求なのか、質問なのか、誰が何を求めたのか、何を聞いたのか、情報の追加なのかが後で明確にわかり、皆さんの株が上がるかもしれません。

実施日時	○○○○年○月○日（月）9：00～17：00	実施場所					記入者	
対象物 災害時安否確認システム		参加者名 3G： 4G：						
番号	分類	頁・行	指　摘　事　項	緊急	重要	回答担当	回答内容	結果／確認
1	R		戻るボタンは必要ありません				承知しました	
2	R		位置情報で近傍探索だけは外さないでほしい				承知しました	
3	Q		近傍の定義は？				ジオハッシュ等を用いた近傍探索を行い、指定された人数分を出力する	
4	C		PostgreSQLでインデクシングを行うと遅いかもしれない				遅くても問題ないことを確認しました	
5	Q		GPSが取得できない場合どうするか				Nullとしてケアしない。再取得する	
6	Q		ログアウトボタンは必要か？				時間があれば追加する	
7								
8								
9								
10								
11								
12								
13								
14								
15								
16								
17								

分類　R：訂正要求　Q：単なる質問　C：一般的なコメント　　　　　緊急、重要　○、△、×

図4.5　レビュー表（サンプル）

Chapter4
02 外部設計書の記述項目と記述例

外部設計書に含める項目

　では、ここから外部設計書としてまとめる方法を説明します。外部設計書には、次の項目を含めることが一般的です。

- 目的・方針
- 概要
- 機能
- ユーザインタフェース
- システム構成
- ソフトウェア構成
- ハードウェア構成
- ネットワーク構成
- システムインタフェース

　これらの各項目の記述は、システム提案書よりもさらに広く深くする必要があり、いきなり書き上げることは困難です。そこで、外部設計書をまとめる前に、システムの様々な側面についての個別の設計を実施します。それらを組み合わせて、外部設計書としてまとめていきます。

　個別設計と名前が違うのでまとめ方がわかりません

　はい、そのとおりですね。そこで、各記述項目と個別設計の対応を表

4.1にまとめました。個別設計の説明で触れましたが、作成する個別設計の内訳は、システムの種類や目的によって異なります。そのため、この表にない個別設計が出てくる可能性もありますが、基本的にはどこかの区分に入るはずです。

表4.1 外部設計書の構成と個別設計の対応

外部設計書		個別設計		
目的・方針	目的			
概要	概要 範囲			
機能	主要機能			
ユーザ インタフェース	入力画面 操作方法 結果表示			画面 レイアウト 帳票 レイアウト
システム構成	全体構成			
ソフトウェア構成	ソフトウェアの構成 既存ソフトウェアを 使用する場合はその 種類	要件定義書 システム 提案書	業務フロー DFD (Data Flow Diagram)	コード定義 データベース 一覧表 ER図 CRUD図
ハードウェア構成	ハードウェアの構成 使用する ハードウェアの概要			
ネットワーク構成	ネットワーク構成 使用するネットワー クの概要 使用するプロトコル の概要			
システム インタフェース	ファイル仕様 データ交換仕様			ファイル仕様 データ交換 仕様

　目的・方針、概要、機能については、要件定義書、システム提案書、業務フロー、DFDなどを参照して詳細に記述していきます。特に機能については、ユーザインタフェース以降に現れる各記述項目のサマリに相当するものなので、抜け漏れのないように注意してください。

4.02 外部設計書の記述項目と記述例　097

ユーザインタフェースは、主に画面レイアウト、帳票レイアウトを基に作成します。ユーザインタフェースには、システムが表示する画面、システムへ入力する画面、プリントアウトする画面など、すべてを網羅する必要があります。

ソフトウェア構成は、コード定義、データベース一覧表、必要であればER図やCRUD図を基にして記述します。大規模なシステムでは取り扱うデータ量が多くなることから、ER図も大きくなります。

システムインタフェースは、ファイル仕様やデータ交換仕様に基づいて、外部とやり取りをする情報のフォーマットなどを記述します。これら2つの仕様は、外部システムとの間で解釈の相違が出ないよう、一意性や網羅性に十分注意する必要があります。

なお、システム構成、ハードウェア構成、ネットワーク構成については、要件定義書、システム提案書、業務フローを基に要件を満たすように記述していきますが、外部設計の段階になると、これらの項目は各分野の専門エンジニアが担当するのが一般的で、ソフトウェアエンジニアの作業ではなくなります。本書はソフトウェアエンジニアリングの研修を想定していますので、これらの項目については専門エンジニアが記述するものと考え、ここではその作成方法を取り上げないこととします。

外部設計書の説明は以上です。次は、皆さんで外部設計書を作成してみましょう。ここまでの説明をもう一度読み返し、必要な各種の情報を集めて、外部設計を行ってみてください。

次のページから、外部設計書の一例を載せておきます。記述項目などを参考にしてみてください。

食堂自動座席案内システム

外部設計書

第 1.0 版

2XXX 年 X 月 XX 日

〇〇〇株式会社

1 目的

X社本社の社員食堂において、食堂の利用効率を高めながら、同時に社員の福利厚生の向上にも資する新しい食堂運営システムである空席自動案内システムの機能、性能、利用者インタフェース、他システムとのインタフェース、システム構成など、システム要件を実現するためのシステム外部からみた設計条件を規定する。

2 用語の定義

(1) 社員

食堂利用時の支払いを電子マネーで行う、食堂を利用する利用者で、自分の意志に基づいてシステムに自分のプロフィール（健康情報など）を登録できる人

(2) センサ

食堂の席個々に取り付けられ、利用中か利用中でないかを検知し、システムに通知するデバイス

(3) 入力端末

食堂座席の空き状況を表示し、利用者からの食堂利用のための情報入力を受け付ける端末

(4) 案内端末

食堂利用者から入力された情報に基づき、管理サーバで決定された席位置を表示・案内する端末

(5) 管理サーバ

食堂の席の空き／利用状態を管理し、入力端末から入力された情報に基づき、入力条件に合致する空き状態の席を抽出し、案内端末にその情報を転送するサーバ

3 システム概要

本システムは、食堂内の空席情報をリアルタイムに把握し、座席の利用効率が最大になるよう利用者に座席を自動で案内するシステムである。図1に示すように、管理サーバ、入力端末、案内端末、食堂座席テーブルセンサを社内LANで接続した構成とする。また、社内のパソコンからも食堂の空席状況が確認できる構成とする。

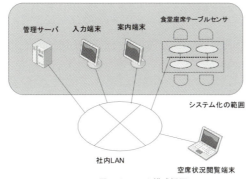

図1 システム構成概要

(1) 座席テーブルにセンサを設置し、利用者が食器を載せたトレイをテーブルにおくと、センサがトレイを検知してその席に利用者がいると判断する。センサにより検知した情報は管理サーバに送信する。
(2) 食堂利用者が、食堂入口に設置された案内端末に、利用人数、希望座席(窓近くなど)を入力すると、入力された情報を管理サーバに送信し、利用者には順番待ちID(社員IDをそのまま利用)を通知する。その後入力端末は次の利用者による入力待ちとなる。
(3) 管理サーバは入力端末からの利用人数、希望座席に基づき、座席を自動的に割り当て、座席入口に設置した案内端末に順番待ちIDとともに送信する。
(4) 案内端末は管理サーバから送信された順番待ちIDと割り当てられた座席位置を表示するとともに音声により、利用者に座席案内を行う。
(5) 社内LANに接続されたパソコンから空席状況が確認できるよう、管理サーバはWebによる空席情報提供サービスを実現する。

4 機能

(1) 管理サーバ
　① 座席状況管理機能
　② 入力端末からの利用人数、希望座席情報受信機能(Webインタフェース)
　③ ②に基づく座席自動割当て機能
　④ 順番待ちID管理機能、入力端末への順番待ちID送信機能(Webインタフェース)
　⑤ 順番待ちID、割当て座席情報の案内端末への送信機能(Webインタフェース)
　⑥ WebによるLAN接続パソコンへの座席状況提供機能
　⑦ 運用・保守用コンソール機能(Webインタフェース)

(2) 入力端末
　① WebブラウザによるWebページ表示機能
　② Webページの入力領域への情報入力機能

③ Web ページ表示自動更新機能

(3) 案内端末
　① Web ブラウザによる Web ページ表示機能
　② Web ページ表示自動更新機能

(4) 座席テーブルセンサ
　① センサによるトレイの有無検出機能
　② トレイ有無情報の管理サーバへの送信機能

5 ユーザインタフェース

(1) 入力端末のユーザインタフェース
　電源を入れると、専用ブラウザが自動的に起動し管理サーバにアクセスし初期画面を表示する（図2）
　　　　　　　　　↓
　初期画面の希望人数入力エリアに希望人数をタッチパネルから入力すると、人数表示エリアに人数を表示する。希望座席をタッチパネル（ボタン）から選択すると、選択されたボタンの表示をハイライト表示とする（図3）
　　　　　　　　　↓
　社員証を IC カードリーダにかざす
　　　　　　　　　↓
　社員 ID、希望人数、希望座席情報を管理サーバに送信する
　　　　　　　　　↓
　管理サーバは受け付けた社員 ID を入力端末に送信する
　　　　　　　　　↓
　入力端末は社員 ID を受信するとその ID と、確認ボタン（タッチパネル）を表示する（図4）
　　　　　　　　　↓
　確認ボタンが押下されると初期画面に戻る

(2) 案内端末のユーザインタフェース
　電源を入れると、専用ブラウザが自動的に起動し管理サーバにアクセスし初期画面を表示する（図5）
　　　　　　　　　↓
　管理サーバが入力端末からの情報に基づき、座席割当てを行うと、社員 ID と割当て座席番号、座席位置を案内端末に送信する
　　　　　　　　　↓
　案内端末は、受信した社員 ID、座席番号、座席位置を案内画面に追加表示する（図6）
　　　　　　　　　↓
　座席テーブルセンサによって、トレイが置かれたことが検知され、管理サーバに送られた場合には、その座席に対応する社員 ID に対して割り当てられた座席番号、座席位置情報を社員 ID とともに消去する旨の情報が管理サーバから案内端末に送信されるので、案内端末は

表示されている該当社員ID、座席番号、座席位置情報を消去する

図2　入力端末の初期画面イメージ

図3　入力中画面イメージ

図4　受付確認画面イメージ

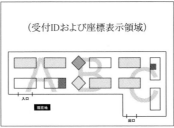

図5　案内端末初期画面イメージ

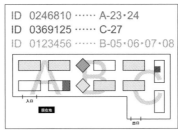

図6　案内端末情報表示イメージ

(以下、サブシステム構成、データ構成、ネットワーク構成などを記述する)

> **演習課題**
>
> 職場にある外部設計書を調査し、本書で説明した記述項目と照らし合わせて、抜け漏れなどを考察しましょう。なお、文書名は、機能仕様書などのように名称が異なる場合があります。その場合には、先輩などに相談して確認してください。

Chapter4 03 内部設計

内部設計の目的

　システム開発も佳境に入ってきました。これから作成する「内部設計書」は、システムが外部設計書の内容を確実に満たすため、また品質の安定したプログラムを製造するための設計書です。

　内部設計では、外部設計書を基にプログラムの内部データを決定するなど、システムの具体的な実現方法を定義します。例えば、オブジェクト指向の場合はクラスの組み合わせとその機能を決定し、サブシステムをモジュールに分解します。そして、外部仕様を満たすようにモジュールの動作を定義します。

 外部設計書からプログラムは作れないのでしょうか？

　そうですね、できるのかできないのかといえば、外部設計書からプログラムを製造することは可能です。それにもかかわらず「限りなくプログラムに近い設計書」である内部設計書を作成する目的は次のとおりです。

（1）プログラム製造時のミスを防ぐために、早い段階から品質を担保する
（2）プログラマのスキルによらず、品質が均一なプログラムを製造する
（3）複数の開発企業で1つのプログラムを製造する場合に、プログラ

ムの結合を容易にする
(4) プログラムの再利用を促進する「部品化」を容易にする

　(1) の早い段階から品質を担保するというのは、言い換えると、適切に定義された設計書を用意することがシステムの品質向上につながることを意味します。また (2) は、プログラマが適切に定義された設計書通りにプログラミングをすれば、品質が一定のプログラムが出来上がる可能性が高くなることを意味します。

(1) と (2) は比較的わかりやすいのですが、
(3) はよくわかりません

　システムが大規模になると、製造すべきプログラムの量が多くなり、1社への発注では所定の期日までに完成できない場合もあります。その場合は、複数の開発企業にプログラム製造を発注し、最後に各社が製造したプログラムを組み合わせて1つのプログラムにします。このとき、各社が自己のルールでプログラムを製造していると、サブルーチンや関数の呼び出し方、データの引き渡し方、名前の付け方などが一致せず、組み合わせが困難になる可能性が高くなります。内部設計書でプログラムの構造、呼び出し方、データの引き渡し方、名前の付け方などを決めておけば、手戻りの回避につながります。

　また (4) の部品化ですが、例えば自動車の設計では、生産性を高めながらコストを抑えるために、各種の機能を部品として独立させて可能な限り共通の部品を使うと同時に、使用する部品の種類を削減することを考えます。

　プログラムの製造でも同じようなことが言えます。内部設計の段階で汎用性のある処理はプログラム部品として独立させ、同じシステム内、あるいは別のシステムとの間で部品を共通させることで、プログラムの製造にかかる手間を減らそうとする場合が多くあります。

プログラムの部品化

　ここまでは教科書的な説明ですが、皆さんのようなプロフェッショナルを目指す方は、この部品化について、もう少し詳しく知っておくことをお勧めします。

　プログラムの部品化には、プログラム製造の手間を削減するというメリットの裏に、部品として独立させるための作業に手間がかかり、製造のスピードを遅くするというデメリットがある点に注意してください。

　汎用性が高く、様々な場面に適用できる部品ならば、多少手間をかけて部品化しても全体としてメリットがあるでしょう。しかし、その部品を再利用する機会が少なかったり再利用しにくかったりすると、部品化のための作業が、逆に製造のスピードを遅らせる原因となります。

　プログラムの部品化では、メリットとデメリットの値踏みが重要です。その部品化にどのようなメリット、デメリットがあるのか、どのくらいの手間がかかるのかを考えてから、実行に移すよう心がけましょう。

構造化設計

　ところで、内部設計は次に製造という工程があることから、製造で使用するプログラミング言語の特性に合わせた設計手法を使うのが一般的です。中でもよく使われるのが構造化設計です。

構造化設計は難しいのでしょうか？

　構造化設計は、ある機能はそれよりも小さな機能の集まりで作られると考えるアプローチです。その概念は難しいものではありません。例えば、請求書を発行するという機能は、顧客に対する当月売上額を読み出す、売上額を合計する、合計額を請求書として印刷するといったより小

さな機能の組み合わせで実現します。さらに、顧客に対する当月売上額を読み出すという機能を実現するためには、ファイルを準備する、指定された顧客の売上額のうち当月分を抜き出す、ファイルの後始末をするなどのさらに小さな機能が必要となります。

　構造化設計の概念に基づいて設計することで、プログラムの全体像と詳細の両方を把握できるようになります。最近はあまり聞かなくなりましたが、現代のプログラミング言語の多くは「構造化プログラミング」という考え方を取り入れています。現代のプログラミング言語の特性に合わせるという点で、内部設計で構造化設計の概念を用いることは理にかなっていると言えます。

構造化設計のメリットとデメリット

　構造化設計にもメリットとデメリットがあります。メリットは先に説明したとおり、マクロの視点とミクロの視点を使い分けることができ、目的に応じたわかりやすい視点からシステムを展望できる点です。

　一方、デメリットとしては、設計が機能に注目して行われ、データに対する配慮が薄いため、データの重複や不整合を招く可能性があるという点が挙げられます。これらのデメリットをカバーするために、構造化設計でも、データにも注目しながら設計する手法が多く用いられます。

　また最近では、C++やJavaなどのオブジェクト指向言語が使われることも多く、設計もオブジェクト指向設計で行われる傾向があります。構造化設計ではデータと処理を分けて考えますが、オブジェクト指向設計ではデータと処理をオブジェクトの中にカプセル化し、オブジェクト同士がメッセージを交換して処理を進めると考えます。

　考え方に違いはありますが、構造化設計とオブジェクト指向設計は相反するものではありません。構造化設計の考え方は、オブジェクト指向設計の奥底にも流れています。

　なお、構造化設計もオブジェクト指向設計も、ただ手法を使うことで

4.03 内部設計　109

きちんとしたシステムができるわけではありません。開発者が考えて設計しないと、形はできたが、性能が出ないようなシステムになってしまう場合もあります。過去に設計内容を見直して、性能を40倍も高めた例もあります。

内部設計書の作成手順

内部設計書も外部設計書と同様に、まず個別の設計を実施して、最後にそれらをまとめるという手順で作成します。一般的には図4.4に示す手順で作成する場合が多いので、本書でもこの例に沿って説明していきます。

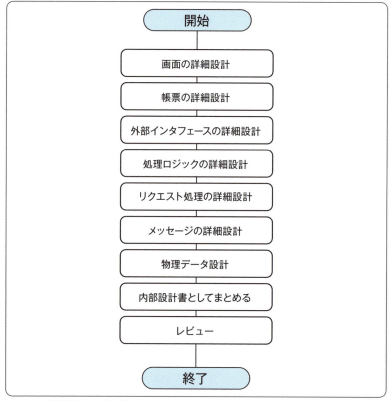

図4.4　内部設計書の作成手順

画面の詳細設計

画面に関しては、外部設計書を作成する際に使用した画面レイアウトや画面遷移図を基に、必要な項目や説明を追加して、プログラムが製造できるレベルまで詳細化します。

帳票の詳細設計

帳票については、外部設計書を作成する際に使用した帳票レイアウトに、出力のタイミング、出力プリンタ、出力頻度、出力項目の説明など帳票定義のための専用ツールを使う場合はその定義データなどを追加し、テストや運用マニュアルを作成できるレベルまで詳細化します。

外部インタフェースの詳細設計

外部とのインタフェースについては、基本となる情報はすべて外部設計書に記述してあるはずですが、データの送信者と受信者、使用媒体、データの形式、1回に送信する最大件数、インタフェースを使用する周期など、プログラムを製造できるレベルまで必要な情報を追加して記述します。

処理ロジックの詳細設計

機能仕様のロジックをプログラミング可能なレベルまで詳細化します。詳細化の粒度は、プログラミングする人のレベルにより異なります。

リクエスト処理の詳細設計

Webブラウザからサーバ側のプログラムを起動するような、Webベー

4.03 内部設計　111

スのクライアント－サーバシステムの場合は、サーバプログラムの起動
方式（CGI、Javaなど）や、URLに含めるパラメータの数、機能、形
式、省略時の動作などが必要になります。

メッセージの詳細設計

　メッセージの詳細設計では、メッセージの種類をエラー、情報提供、
警告、ログなどに分類します。また画面に表示する項目として、

- ●標準的なメッセージのダイアログサイズと構成
- ●メッセージの種類とダイアログ内に表示するアイコンの対応
- ●メッセージ番号

などを定義します。メッセージは種別ごとに一覧表を作り、重複した
メッセージや類似した意味を持つメッセージを作らないよう注意します。
　メッセージには、補足的な説明を付随する場合もあります。補足的な
説明では、詳しいエラー内容や障害内容、エラーの発生箇所、詳細説明
や関連情報への関連付けのほか、社内システムではエラーの発生箇所を
特定するモジュールやプログラムの名称、プログラムの行番号などを表
示します。

物理データ設計

　データベースを使用するシステムでは、データベースのテーブル名、
フィールドの型や桁数、主キーや外部キーなど、インデックスを使う場
合はインデックス名、関連するテーブルがあればその名称などを定義し
ます。
　またデータベース全体に関する設計項目として、テーブルのアクセス
順序、想定するレコード件数、データのライフサイクルなども定義しま

す。

内部設計書としてまとめる

　以上のような個別設計を実施してから、それを内部設計書としてまとめます。内部設計書の記述項目については、この後で詳しく説明します。

レビュー

　内部設計書についても、外部設計書と同様にレビューを行います。外部設計書のレビューでは、参加するメンバに顧客が入る場合がありますが、内部設計書では入りません。プログラムとの関連性が強い内部設計書のレビューには、実際にプログラムを製造するプログラマが参加メンバとして入るのが一般的です。

　なお、最近では内部設計書にセキュリティ設計を含めることも多くなりました。その場合には、個別設計としてセキュリティ設計をあらかじめ実施しておきます。

　セキュリティ設計では、インターネットで公開するWebベースのシステムならば、クロスサイトスクリプティングやSQLインジェクションといった攻撃を防ぐ方法を定義します。また、高度なデータセキュリティを要する用途では、様々な手法を使ってコンピュータから情報を盗み出そうとする勢力に対して、情報を防御する機能、いわゆる「耐タンパ性」を高める方法などを定義します。

4.03 内部設計　113

Chapter4
04 内部設計書の記述項目と記述例

内部設計書に記述する項目

　ここからは、個別に実施してきた設計を内部設計書としてまとめる方法を説明します。内部設計書に含むべき一般的な項目は次のとおりです。これらの項目は、システムのタイプや機能によって異なりますので、項目の追加が必要になる場合もあります。

- ●ユーザインタフェース
- ●プログラム構造
- ●データ構造
- ●処理ロジック
- ●メッセージ
- ●システムインタフェース
- ●ネットワーク構造

必要に応じて──

- ●機能
- ●システム構成
- ●ソフトウェア構成
- ●ハードウェア構成
- ●ネットワーク構成

記述項目と個別設計との対応

　内部設計書は、外部設計書および外部設計で実施した個別設計を基に詳細化します。各記述項目と個別設計の対応を表4.4に示します。

表4.4　内部設計書の構成と個別設計の対応

内部設計書		個別設計	
ユーザインタフェース	入力画面構成、項目、データ型操作と画面遷移の詳細 結果画面構成、項目、データ型など		画面詳細設計 帳票詳細設計
プログラム構造	モジュール分割の仕方 サブルーチンや関数の構成など		リクエスト処理設計
データ構造	プログラム内部のデータ構造 データベース構造など	外部設計書	物理データ設計
処理ロジック	プログラムの処理手順など		プログラム機能仕様
メッセージ	メッセージの分類、内容、番号など		メッセージ詳細設計
システムインタフェース	外部システムとやり取りするデータの形式、分量、頻度など		外部インタフェース詳細設計
ネットワーク構造	ネットワークのトポロジルーティングポリシなど		(ネットワークエンジニアが作成)

必要に応じて機能、システム構成、ソフトウェア構成、ハードウェア構成、ネットワーク構成を加える場合もある。
これら4項目についても、外部設計書と同様か、あるいは、さらに詳しく記述する。

　ユーザインタフェースには、画面詳細設計、帳票詳細設計を基にして、入力画面の構成、項目、データ型、操作と画面遷移の詳細、結果画面の構成、項目、データ型などを記述します。
　プログラム構造には、外部設計書で分割したモジュールの中のサブルーチンや関数の構成、それらに与えるパラメータなどを記述します。Webブラウザからサーバ内のプログラムを起動するシステムでは、リクエスト処理設計を基に、起動パラメータなども記述する必要があります。

4.04 内部設計書の記述項目と記述例　**115**

データ構造には、プログラム内部のデータの構造や、データベースの構造などを記述します。データベースの構造は、物理データ設計で検討したテーブルやフィールドの構成を基に記述します。
　処理ロジックには、プログラム機能仕様を基にプログラムの処理手順を記述します。
　メッセージには、ダイアログの形を含めて具体的に定義したメッセージ詳細設計を基に、メッセージの分類、内容、番号などを記述します。
　システムインタフェースには、外部システムとやり取りするデータの形式や分量、頻度などを記述します。主要な部分は外部設計で検討したファイル仕様とデータ交換仕様で定義されているため、2つの仕様に書かれていないデータの分量や頻度のようなプログラムの製造に必要な情報を、外部インタフェース詳細設計を基に記述します。
　ネットワーク構造には、ネットワークの形状、ルーティングテーブル、ルーティングポリシなどを記述します。ネットワーク構造の記述はネットワークエンジニアが担当するのが一般的です。

内部設計書は、どのくらい詳しく書けばよいのでしょうか？

　内部設計書には、プログラムを製造するために必要な情報を、原則としてすべて記述しなければなりません。例えば、システムで姓名を扱う場合、

(1) 1つのフィールドを用意して「名字※ルビ：みょうじ※名前」と格納する
(2) 1つのフィールドを用意して「名字　名前」のように、間に空白を入れて格納する
(3) 2つのフィールドを用意して「名字」「氏名」と分離して格納する

という3つの方法が考えられます。これらの方法にはメリットとデメリットがあり、（1）は名字と名前の区切りがわからなくなる可能性を、（2）は半角スペースが入った場合と全角スペースが入った場合の区別を、（3）はミドルネームを持つ外国人の姓名などを考慮する必要があります。

　同様に生年月日を扱う場合も、次のような3つの格納方法が考えられます。最適な形式の判断は、システムで生年月日から年齢を自動算出する必要性、将来における新しい年号への対応方法など、生年月日に関するシステムの要件や周辺条件を考慮して判断します。

　　（1）「年号」＋「年2桁」＋「月2桁」＋「日2桁」
　　（2）「西暦下2桁」＋「月2桁」＋「日2桁」
　　（3）「西暦4桁」＋「月2桁」＋「日2桁」

　このように、内部設計書でデータの構造を定義する際は、対象システムの機能をよく検討して、データの格納方法を決定する必要があります。

　内部設計書の説明は以上です。では、皆さんで内部設計書を作成してみましょう。次のページから内部設計書の例を示しますので、参考にしてください。

食堂自動座席案内システム

内部設計書

第 1.0 版

2XXX 年 X 月 XX 日

〇〇〇株式会社

1 開発環境

食堂自動座席案内システムを開発するに当たり、次の開発環境を利用する。

- ・プログラム言語　　　Perl/CGI、HTML、JavaScript
- ・設計書作成ソフト　　Microsoft Word
- ・バージョン管理　　　Subversion

2 動作環境

食堂自動座席案内システムの動作環境は、次のとおりである。

- ・OS　　　　　　　　Red Hat
- ・Web サーバ　　　　 Appache2
- ・CPU　　　　　　　 Core i9 9900K
- ・メモリ　　　　　　 32GB
- ・ハードディスク　　 12TB

3 用語の定義

(1) 案内端末
食堂利用者から入力された情報に基づき、決定された席位置を表示・案内する端末

(2) 入力端末
食堂座席の空き状況を表示し、利用者からの食堂利用のための情報入力を受け付けるWebブラウザが実行される端末

(3) 席案内サーバ（管理サーバ）
食堂の席の空き／利用状態を管理し、席情報表示端末から入力された情報に基づき、入力条件に合致する空き状態の席を抽出し、案内端末に転送する管理サーバ

4 モジュール仕様

4.1 モジュール構成

案内端末、入力端末は、Web ブラウザを用いて表示するため、すべてのモジュールは席案内サーバ（管理サーバ）に集約される（図1）。
席案内サーバは、次のモジュールで構成される。

- ・入力端末表示モジュール
- ・利用希望管理モジュール
- ・案内端末表示モジュール
- ・案内情報管理モジュール

2

- 席状況表示モジュール
- 席状況管理モジュール
- 席決定モジュール
- 予約待ち時間計算モジュール
- センサ情報受信モジュール
- 席情報参照モジュール
- 席情報更新モジュール
- 社員情報参照モジュール

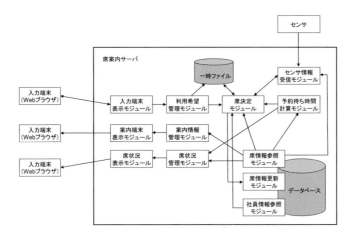

図1　モジュール構成

4.2 モジュール仕様

4.1で示した席案内サーバを構成するモジュールの仕様を示す。

(1) 入力端末表示モジュール

入力端末の表示を行う。Webブラウザから受け取ったPOST情報（利用希望情報）を利用希望管理モジュールに送信する。POST情報には「利用人数」と「席の好み（窓・出入口・タバコ）」が含まれている。

(2) 利用希望管理モジュール

利用希望情報の管理を行う。入力端末表示モジュールから受け取った利用希望情報を整形する。次

に、待ち行列を表す FIFO キューのための一時ファイルへ利用希望情報を書き出してから、席決定モジュールを呼び出す。

(3) 案内端末表示モジュール

案内端末の表示を行う。案内情報管理モジュールから、席案内情報を受け取り Web ブラウザ上に表示する。受信する席案内情報には「案内する社員 ID」と、席決定モジュールにより決定された社員 ID に対応する「席 ID」が含まれている。

(4) 案内情報管理モジュール

案内情報の管理を行う。席決定モジュールが決定した案内する席情報が反映された席情報をデータベースから読み出す。読み出した席情報から、待ち状態にある社員案内情報を生成する。

(5) 席状況表示モジュール

席情報の表示を行う。席情報管理モジュールから、席情報を受け取り Web ブラウザ上に表示する。席情報には「席占有率」、「予想待ち時間」、着席状態の「席 ID」が含まれている。

(6) 席状況管理モジュール

席情報の管理を行う。席情報を席情報参照モジュールから読み出し、受け取った情報を整形してから席情報表示モジュールへ送信する。読み出す席情報には「席占有率」、「予測待ち時間」、着席状態の「席 ID」が含まれている。

(7) 席決定モジュール

席の決定を行う。一時ファイルから「利用希望情報」、センサ情報受信モジュールから「センサ情報」、予測待ち時間計算モジュールから「予測待ち時間」、席情報参照モジュールから「席情報」、社員情報参照モジュールから「社員情報」を読み出し、それらのデータを用いて利用者に適切な席を決定する。

(8) 予約待ち時間計算モジュール

席が空くまでの予測待ち時間の計算を行う。席情報参照モジュールから受け取った席情報をもとに、食堂の現在の混雑状況より、予測待ち時間を計算する。

(9) センサ情報受信モジュール

席に設置されたセンサから送られてくる情報の受信を行う。席に設置されたセンサから送られてくる情報を受信し、席情報を更新する。新しく空席が出来たならば席決定モジュールを呼び出す。

4

(10) 席情報参照モジュール

席の現在の利用状況を反映したデータの参照を行う。

(11) 席情報更新モジュール

席の現在の利用状況を反映したデータの更新を行う。

(12) 社員情報参照モジュール

社員 ID から社員情報の参照を行う。

4.3 モジュールの処理フロー

(1) 入力端末表示モジュール

図 2 に、入力端末表示モジュールの処理フローを示す。

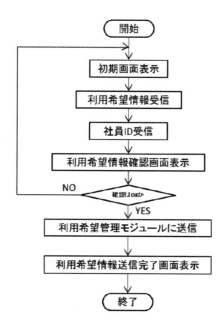

図 2　入力端末表示モジュールの処理フロー

(2) 利用希望管理モジュール

図3に、利用希望管理モジュールの処理フローを示す。

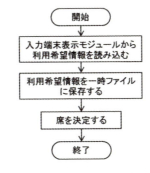

図3　利用希望管理モジュールの処理フロー

(他のモジュールについては省略)

4.4　モジュールインタフェース

(1) 入力端末表示モジュール

- ・メソッド名　　input_display_device
- ・引数　　　　　なし
- ・戻り値　　　　なし

(2) 利用希望管理モジュール

- ・メソッド名　　input_manage
- ・引数　　　　　整数（利用人数）
　　　　　　　　　整数（喫煙／禁煙：0-1）
　　　　　　　　　整数（窓からの近さ：0-7）
　　　　　　　　　整数（出入口からの近さ：0-7）
- ・戻り値　　　　{1, 0}（1が成功、0が失敗を表す）

(他のモジュールについては省略)

(以下、通信プロトコル仕様、メッセージ仕様などを記述する)

演習課題

内部設計書のレビューを行う際の記録票を作成しましょう。作成後、社内のレビュー記録票を調査し、違いがあれば、違いとその理由について考察しましょう。

第2部　ウォータフォール型開発モデルでの開発

第5章
製造とテスト

この工程で作成するドキュメント
■製造
　　●単体テスト計画書
　　●単体テスト成績書
　　●ソースコード
必要に応じて作成するドキュメント
　　●コーディング規約
など

■テスト
　　●テスト計画書
　　●テスト項目一覧
　　●障害処理票
　　●テスト成績書
など

商用システムの製造およびテストは、手順を踏んで体系的に行う必要があります。テスト工程で、設計工程の品質の作り込み状況を確認します。

Chapter5 01 製造工程

製造工程とプログラミング

　建築の世界では設計の際、「線を引く」という表現を使うことがありますが、これまで説明してきた外部設計、内部設計でも図や記号などを使ってたくさんの線を引きましたね。ようやく設計が終わりましたので、次はいよいよ実際にプログラムを作ります。

　プログラムを作る工程を「製造工程」と呼びます。製造工程では内部設計書の内容に沿ってそれを実現するプログラムを書き、記述内容をチェックし、内部設計書通りに動作するかどうかを確認します。

　製造工程の作業手順は図5.1のようになります。

図5.1　製造工程の作業手順

プログラミング

　プログラミングは、文字通りプログラムを書く作業です。内部設計書の内容に沿ってプログラミング言語を使い、プログラムを書きます。

　プログラムは、それを構成する最小単位、具体的には関数や手続きごとに作ります。関数や手続きは、ほかのプログラムから呼び出され、処理に必要なデータを受け取り、内部で処理し、最後に処理結果を呼び出し元のプログラムへ返すという動作をします。

　この際に必要となる関数やプログラムの名前、受け取るデータの数と種類、内部で行うべき処理、呼び出し元へ返す処理結果は、内部設計書で定義されています。プログラマは、内部設計書の定義に合致するようにプログラムを書く必要があります。

プログラミングでは、どのような道具を使うのでしょうか？

　プログラミングでは各種の開発ツールを使用します。開発ツールには、プログラムを入力するためのエディタ、プログラムを機械語に変換するコンパイラ、使用頻度の高いサブルーチンを1つにまとめたライブラリ、動作確認や不具合の特定に使うデバッガなどがあります。また、これらのツールを1つに統合して、各々を連携させながらプログラムの負担を減らす統合開発環境が使われる場合もあります。

　一般に、プログラミング言語を使って書いたプログラムを「ソースコード」と呼びます。ソースコードのソース（source）には、何かの源という意味があります。

ソースコードレビュー

　さて、関数や手続きなど最小単位のプログラムを書き終え、コンパイ

ルエラー、つまり文法上のエラーがないことが確認できたら、レビューを行います。外部設計や内部設計のレビューを「デザインレビュー」、プログラムのレビューを「ソースコードレビュー」と呼び分けることもあります。

ソースコードレビューでは、参加者全員でプログラムのソースコードを読み、内容をチェックします。そのため、ソースコードレビューに参加するためには、プログラミングの基本的な知識に加えて、使用するプログラミング言語の知識が必要となります。

他人が書いたプログラムをレビューすると、自分でプログラムを書く以上に、プログラミングスキルが身につくと言われています。ソースコードレビューはそのための良い機会ですので、皆さんも積極的に参加することをお勧めします。

ソースコードレビューでは、次の点をチェックします。

（1）規約に沿って書いてあるかどうか
（2）正しいロジックで書いてあるかどうか

（1）にある規約とは、この後に説明する「コーディング規約」のことです。コーディング規約とは、プログラマ全員が守るべき、プログラムの書き方の作法を定めたものです。プログラムは文芸作品ではないので、書き方に個性は必要ありません。すべてのプログラムをルールに従って書くことが重要です。

また（2）は、内部設計書で記述した機能やデータの形式が、プログラム上で正しく実現できているかどうかの確認です。機能の実現可否については以降の単体テストで確認するので、この段階ではプログラムの流れを追うことで、機能が正しく実現されているかどうかを確認します。

ちなみに、プログラムの流れを追いながら、頭の中でコンピュータ上の動作をシミュレーションすることを「トレース」と呼ぶことがあります。

ソースコードレビューのコツはありますか？

　はい、あります。コツを2つお教えしましょう。

　1つは、コーディング規約を見ながら確認するのではなく、あらかじめコーディング規約が守られているかどうかを確認するためのチェックリストを作成しておくことです。「クラス名は英大文字で始まっていること」という具合にチェックすべき項目をリストにしておけば、それを機械的に確認することで漏れなく確認できます。

　もう1つは、問題があった箇所を記録しておくことです。その記録を後で分析し、問題が発生しやすい箇所を明らかにすることで、分析結果をプログラミングの注意事項やコーディング規約にフィードバックすることができます。このフィードバックは、プログラムの品質向上やソースコードレビューの手間の軽減につながります。

単体テスト

　ソースコードレビューが終わったら、次に「単体テスト」を行います。単体テストは、関数や手続きといったプログラム単体の品質を確保するために行うものです。レビューが終わり、記述上はロジックに問題がないと判断できたプログラムを実際に動作させ、内部設計書通りに動作しているかどうかを確認します。

レビューで確認したのに単体テストをするのですか？

　単体テストは必要です。人間の検出能力には限界があり、長時間レビューが続くと集中力が落ちる可能性も考えられます。レビューで完璧

ということはないのです。

　そのような人間の不確実な要素を排除するためにも、単体テストが必要になります。単体テストについては、後ほど説明します。

Chapter5 02 コーディング規約

規約を設ける理由

　皆さんは日本語の文章を書く際、漢字とひらがな、近年の外来語はカタカナと、自然に書き分けていると思います。もしもこれが統一されていなかったら、どのような文章になると思いますか？

とても読みにくく、理解できないかもしれません

　そうですね。表記が統一されていないと、日本語なのに読みにくかったり、あるいは読み間違えてしまったりする可能性もあります。
　表記の統一はプログラムについても同様です。名前の付け方や書き表し方がプログラムごとに異なると、読みにくくなったり、読み間違える可能性が高くなったりして、後でプログラムの修正や変更を行う際に苦労することになります。
　このような事態を避けるため、多くの場合、プログラミングに先立って、プログラムの記述ルールをコーディング規約として定めます。コーディング規約を遵守することで、複数のプログラマで手分けしてソースコードを書く場合でも、記述形式が統一され、プログラムの保守性が高まることになります。

実際のコーディング規約

　コーディング規約はプログラミング言語ごとに定めるのが一般的です。

プログラムの標準的な書き方や作法が、プログラミング言語によって異なるためです。コーディング規約の多くは、そのプログラミング言語の標準的な書き方や作法を基に定めるのが一般的です。

実際のコーディング規約では、次のようなルールを定めます。

- プログラムの冒頭に付けるコメントの記述ルール
- 変数名の付け方や宣言方法に関するルール
- プログラムロジックの記述ルール
- 変数の型のルール

これらの各項目について、読みやすいプログラムであること、わかりやすい名前であること、同じコードが重複していないこと、役割は1つであることといった観点から、初心者にもわかりやすいルールを具体的に定めます。

なお、コーディング規約を定める場合は、

- 顧客の社内に存在するコーディング規約をそのまま、または微調整する
- 開発企業の社内に存在するコーディング規約をそのまま、または微調整する
- 書籍などで公開されているコーディング規約をそのまま、または微調整する
- 顧客の要請を反映してプロジェクト独自のものを作る

などの方法があります。どのパターンを用いるかは、顧客やプロジェクトの事情次第ですが、いずれにしてもシステム全体で統一されたルールに従ってプログラムを書くことが大切です。

コーディング規約の例

 コーディング規約には、
実際にどのような項目が書かれているのでしょうか？

では、Javaのコーディング規約の例をほんの一部ですが紹介しましょう。まずコメントに関しては、例えば次のような規約を設けます。

- 処理に関するコメントは可能な限り詳細に記述する。またコメントに記述する内容は、プログラミング言語での記述内容を日本語に翻訳するのではなく、その処理が持つ意味を明確に記述する

```
○ dataCount = 0;    /* データ数カウンタを初期化する*/
× dataCount = 0;    /* dataCountを0にセットする*/
```

- クラスの冒頭にはそのクラスに関する概要を記述する。記述にあたっての形式や使用文字種は以下に従う

```
/**
 * クラスの説明（日本語）
 * @author 作成者名（半角英字）
 * @author 修正者名（半角英字）
 * @version バージョン番号（半角英数字）
 */
```

クラスのコメントが独特の形式をとるのには理由があります。Javaには、ソースコードを記したファイルからリファレンスマニュアルを自動生成する「Javadoc」というツールが用意されています。上記のクラス

5.02 コーディング規約　133

に関するコメント書式は、その Javadoc が規定する書式です。Javadoc の書式でコメントを書いておくと、プログラムインタフェースに関する仕様書を自動的に生成することができ、その後のプログラムの保守作業を効率化できます。

　このように、使用するツールを意識しながらコーディング規約を定めることにより、プログラムの保守性を高めることができます。また、変数名の付け方に関しては、例えば次のような規約を設けます。

- 変数名に使用する文字は、半角英字、数字、記号＿（アンダーバー）、記号−（マイナス）とする
- 変数名はその変数の持つ意味を英語で記述する。英字は小文字を使用するものとし、複数の英単語を連結する場合に限り、2 単語め以降の各単語の冒頭文字を大文字とする

```
○  inputRecordCounter
×  input_record_counter
×  nyuuryokuRekoodoKaunta
```

- 変数名の冒頭文字は必ず英小文字とする。数字や記号から始めてはならない

```
○  firstField
×  1stField
×  _1st_field
```

　このように変数名などを英語で命名するのは、外国人スタッフとの協働や、「オフショア開発」と呼ばれる海外でのシステム開発などを考慮しているためです。その理屈で言えば、コメントも英語のほうがよさそうですが、英語のコメントでは日本人担当者の理解が不十分になる可能性

があることから、最小限の範囲として変数名だけに英語を用いる場合が多いようです。

Chapter5

03 単体テスト

ホワイトボックステスト

　ソースコードレビューが終わったら、次にプログラムの単体テストを行います。先ほども述べたように、単体テストとは関数や手続きといった最小単位のプログラムを単体で動かしてみて、内部設計書通りに動作するかどうかを確かめる工程です。

　テストを行う際には、テスト項目を作成し、テスト項目に対応するテストデータを定めます。例えば、年齢をチェックするというテスト項目に対して、20を入力するならば、20はテストデータになります。

　単体テストでは、主に「ホワイトボックステスト」と呼ばれるテスト形式を採用します。ホワイトボックステストとは、プログラムの内部構造がわかっていることを前提としたテストです。まずプログラムの内部構造を見ながら、プログラム上のすべての処理を網羅するテストデータの集合を作ります。次に、そのテストデータの集合を1つずつ入力しながら、プログラムの実行を繰り返し、すべての入力データに対して期待通りの結果が得られるかどうかを確認します。

　ホワイトボックステストでは、プログラムのすべての分岐を通るようにテストデータを作成するので、プログラムを網羅的にテストできるというメリットがあります。反面、プログラムが複雑になればなるほど、処理の流れを網羅するためのテストデータの作成が難しくなるというデメリットがあります。

フローグラフでテストデータを作る

ホワイトボックステストでは、すべての分岐を通るようなテストデータを作るのが難しそうです

そのとおりです。単にプログラムを眺めているだけでは、すべての分岐パターンを見つけ出すことは困難です。そこで、「フローグラフ」という図法を使って、処理の流れを見つけ出す方法を紹介します。プログラムの処理を示したフローチャートを基に、処理の流れを探し出し、それを満たすようなデータを探し出す方法です。

まず、フローチャートを用意します。例えば、入力データが自然数で、偶数か奇数か自然数以外かを判定し、自然数以外ならブザーを鳴らすというプログラムの場合は、図5.2のようになります。ひし形は条件によって処理が分岐することを表し、長方形は各種の処理を表します。

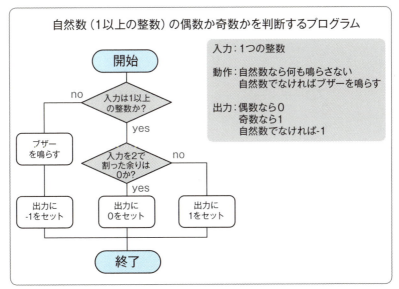

図5.2　単体テスト対象プログラムのフローチャート

次に、このフローチャート中のひし形、長方形、終了をそれぞれ円として描き、描いた円をフローチャートと同じ流れになるよう矢印で結びます。また、フローチャートの各処理には便宜上の番号を振り、対応する円の中にフローチャートの番号を記述します。

こうして出来上がった円と矢印の集まりがフローグラフです（図5.3）。円を「ノード」、矢印を「エッジ」と呼びます。このフローグラフが、プログラムの処理の流れを分析する道具となります。

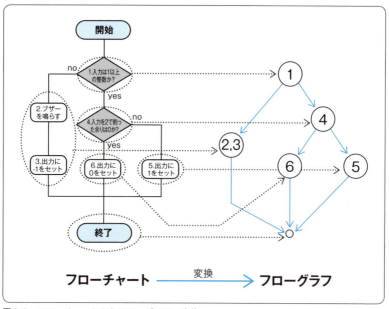

図5.3　フローチャートからフローグラフへ変換

まず、フローグラフ上のエッジ数からノード数を引き、そこに2を加えてください。この数値を「パス数」と言い、プログラムに存在する処理の流れの数に相当します。このプログラムのパス数は3です。

次に、実際の処理の流れをフローグラフから探し出します。(1) → (2,3) → () と進む #1、(1) → (4) → (6) → () と進む #2、(1) → (4) → (5) → () と進む #3 が読み取れます。処理の流れは3つ、先に

計算したパス数も3ですから、このプログラムに含まれる処理の流れは、この3種ですべて網羅できることになります（図5.4）。

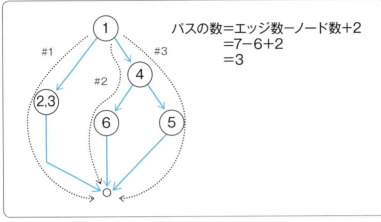

図5.4　フローグラフからパス数を算定

以上の結果から、このプログラムを網羅的にテストするためには、表5.1に挙げた3つのテストデータがあればよいことがわかります。言い換えれば、この3つのデータに対してテストを行えば、少なくともテストから漏れるような処理は存在しないことになります。

表5.1　テストデータと通るパス

テストデータ	通るパス
0	#1
2	#2
1	#3

このように作成したテストデータは、期待される結果、具体的なテスト方法などを添えて、「単体テスト計画書」に整理しておきます。その後、計画書に沿って単体テストを行い、得られた結果を「単体テスト成績書」にまとめます。

テストを行った結果、1つでも期待通りの結果が得られない項目があれば、プログラムを再検討して原因を突き止め、修正してから、再度テストを行います。テストは、すべての項目で期待通りの結果になるまで繰り返します。

　なお、テストデータは、テストを実施するテスト担当者が作成する場合もあれば、全く別の担当者が作成する場合もあります。一般的には、テストデータの作成者とテストの実施者は分けたほうが、より正確なテストが実施できると言われます。

ドライバとスタブ

ところで、プログラムは単体でテストできるのでしょうか？

　良いところに気づきましたね。各プログラムは、最終的にはほかのプログラムと組み合わせて使うものですから、プログラム単体でのテストは容易ではありません。

　実際には、テスト専用の仮のプログラムを使います。仮のプログラムには大きく分けて2種類あります。図を使って説明しましょう。

　1つ目は、テスト対象のプログラムがほかのプログラムから呼び出れる場合です。このケースでは、本来ならば存在するはずの呼び出し元プログラムが存在しないことになるので、テスト対象のプログラムを呼び出すための仮のプログラムを用意します。

　この仮の呼び出し元プログラムのことを「ドライバ」と呼びます。ドライバには、テスト対象のプログラムを様々な条件で呼び出すことのみが求められるため、呼び出しに必要なパラメータの設定、受け取った結果の正当性チェックなど、テストに必要な機能のみを実装します（図5.5）。

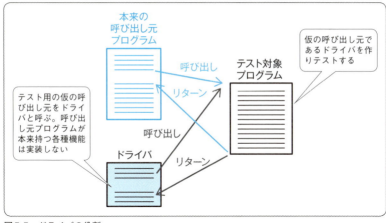

図5.5　ドライバの役割

2つ目は、テスト対象のプログラムがほかのプログラムを呼び出す場合です。この場合、単体テストの時点では呼び出し先が存在しないという状況が発生します。そこで、呼び出し先として用いる仮のプログラムを用意します。

この仮の呼び出し先プログラムを「スタブ」と呼びます。スタブもまた、受け取ったパラメータの正当性チェック、外部設計書に沿った正常値や異常値の返却など、テスト対象のプログラムを呼び出す機能の確認に必要な機能のみを実装します（図5.6）。

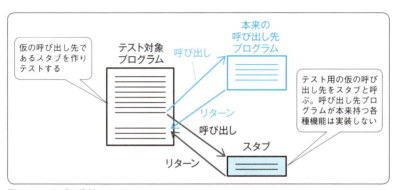

図5.6　スタブの役割

なお、ほかのプログラムから呼び出され、自分自身もほかのプログラムを呼び出すようなプログラムの単体テストでは、ドライバとスタブの両方を同時に使用します。

　プログラミングと単体テストの方法は理解できましたか？　それではプログラミング言語を決めて、コーディング規約を定めてみましょう。そして、規約に沿ってプログラミングを行ってみましょう。プログラムを書いたらソースコードレビューを行い、さらに単体テストを実施してみてください。

> **演習課題**
>
> 　網羅的な単体テストを行うためのテスト項目を作成しましょう。作成後、社内のテスト項目の帳票を調査し、違いがあれば、違いとその理由について考察しましょう。

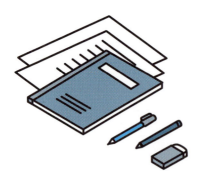

Chapter5

04 テスト工程

結合テストと総合テスト

プログラミング、ソースコードレビュー、単体テストが終わったら、次にテスト工程に移ります。テスト工程では、大きく2種類のテストを実施します。「結合テスト」と「総合テスト」です。

先に行うのは結合テストです。結合テストは、単体テストが終了したプログラムを組み合わせて動作を確認するテストです。結合テストでは、プログラム間のインタフェース、つまりデータの受け渡しに問題がないか、求められる機能が実現できているかどうかを確認します。

結合テストが完了したら、次に総合テストを行います。総合テストは、要件定義書、外部設計書の内容が実現できているかどうかを総合的に確認するテストです。

システムの規模が大きく、サブシステム単位で結合テストを行った場合は、サブシステム間のインタフェースに問題がないことを総合テストで確認することもあります。

テストと設計工程（上流工程）の関係

これら2つのテストと設計工程は図5.7のように対応します。要件定義から外部設計、内部設計へと段階を踏んで要件を詳細化し、製造が終わると、今度は単体テスト、結合テスト、総合テストと、対象を大きくしながらテストを進めていきます。

単体テストでは、内部設計で定義した処理ロジックの正しさを確認しました。それに対して結合テストでは、プログラムを組み合わせた際の

5.04 テスト工程　143

動作に問題がないか、必要な機能が実現できているかどうかを外部設計書に照らし合わせて確認します。そして総合テストでは、システム全体で機能が正しく動作しているか、要件定義で定めた機能要件、非機能要件が満たされているかどうかを確認します。このような各工程の対応を表した図5.7のようなモデルを、その形から「Vモデル」と呼びます。

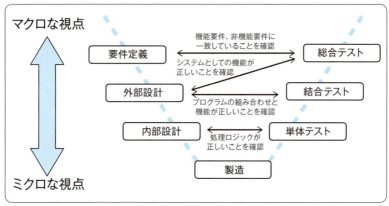

図5.7　システム開発のVモデル

　図5.8は、結合テスト、総合テストの作業手順を示したものです。基本的な流れは単体テストに似ていますが、テスト項目の作成方法、バグの分析方法などが異なります。その点を含め、結合テスト、総合テストの順に説明します。
　また、図5.8でテストの実施の後に作成する障害処理票については、何らかの問題を発見した際にそれを記述しておき、その後の分析でバグかどうかを判断します。

図5.8 テスト工程で行うこと

5.04 テスト工程 **145**

Chapter5
05 結合テスト

結合テストの目的

　結合テストは、プログラムが外部設計書通りの機能を実現できているかどうかを確認するためのテストです。単体テストに合格したプログラムを組み合わせて確認します。必要なプログラムをすべて結合してテストするほか、スタブやドライバを組み合わせたテストを行う場合もあります。

結合するとはどのようなことなのでしょうか？

　プログラムは小さな単位に分割して開発することは前に説明しました。分割したプログラムは、最終的に再び1つのプログラムにまとめます。このまとめる作業を「結合」と呼びます。結合テストは、結合したプログラムを対象としたテストです。

　結合テストの目的は、プログラム間のインタフェースに問題がないか、また必要な機能が実現されているかどうかの確認です。結合テストには、主にブラックボックステストを採用します。

　ブラックボックステストはプログラムの内部構造には関知せず、入力と出力の対応が正しいことを確認するテスト方法です。プログラムの内部構造を分析して、すべての処理の流れを網羅するホワイトボックステストと異なり、テストの網羅性を直接確認できないので、品質を確保するために十分なテストが必要になります。

結合テストのテスト項目

　経験則によると、十分なテストを行うのに必要なテスト項目数の目安は、テスト対象のプログラムステップ数（プログラムの文の数）の約20分の1です。例えば10万ステップのプログラムなら、約5,000項目になります。このことからも、結合テストには手間と時間を要することがわかるのではないでしょうか。

　なお、20分の1という目安は、システムの規模、プログラム間のインタフェースの複雑さによって変動します。そのため、システムに応じて20分の1以外の値を基準とする場合もあります。

　結合テストでのテスト項目は、基本的には外部設計書に記述した機能が実現できているかどうかという観点から作成します。多くの場合、プログラム間のインタフェースの不具合は、外部設計書通りの機能が実現できていないというテスト結果から、間接的に発見されます。

ブラックボックステスト

　結合テストのテストデータは、ブラックボックステストの技法を使って作成します。代表的な技法には、表5.2のようなものがあります。

表5.2　ブラックボックステストの代表的技法

技法	説明
同値分割	データをグループ分けし、各グループから1つまたは複数のデータを抽出したものをグループを代表するテストデータとする
境界値分析	有効と無効の境界データを取り出してテストデータとする
エラー推測	経験的に知っているエラーが起こりやすいパターンからテストデータを作る

　同値分割は、有効なデータと無効なデータというようにデータをグループ分けし、各グループから1つあるいは複数のデータを取り出して、そ

のグループの代表データとする方法です。同じグループのデータを重複してテストするのではなく、意識的に別のグループのデータをテストするので、テストの網羅性は必然的に高くなります。

　例えば、時刻を入力とするプログラムの「何時」にあたる項目をテストするためのデータであれば、正常な値のグループ「0,1,2,3,4,5,6,7,8,9,10,11,12,13,14,15,16,17,18,19,20,21,22,23」から1つ（例えば8）、これに含まれない異常な値のグループから1つ（例えば30）を選んでテストデータとします。

　境界値分析は、データをグループ分けした際、その境界となるデータをテストデータとする方法です。この方法では、プログラムがデータの最大値や最小値を正しく扱えないことがある、数値の判断では以下と未満で誤りやすいなど、境界条件でのミスが生じやすいことに注目してテストデータを作ります。

　先ほどの「何時」にあたるテストであれば、正常な値の開始が0で終了が23ですから、それを境界と考えてテストデータを作ります。具体的には、異常データとして−1、正常データとして0、正常データとして23、異常データとして24が、テストデータとして考えられます。

　エラー推測は、経験的に予測できるエラーが起こりやすいパターンからテストデータを作成する方法です。様々なパターンが考えられますが、数値を受け取るはずなのにデータが入っていない、型が違うデータを受け取ったなどはその例です。

　同じく「何時」のテストデータとして、処理を忘れがちなNULL（空データ）や、プログラミング言語により扱いが異なる実数値（例えば12.0）は、推測で作成することができます。

Chapter5

06 総合テスト

総合テストの目的

　総合テストはシステム開発の最後の工程で、システムの最終確認と言えます。結合テストにより、外部設計書通りの機能が実現できていることを確認したプログラムと、そのプログラムが動作するハードウェア、ネットワーク、利用者端末などを組み合わせ、本番と同じ環境、あるいは本番に近い環境で動作を確認します。

　総合テストでは、要件定義書、外部設計書の内容が実現できているかどうかを確認します。確認する項目は、大きく機能要件と非機能要件に分類します。機能要件と非機能要件は、顧客から出された機能要求と非機能要求をシステムの要件として具体的に定義したものです。

　このうち非機能要件は、総合テストで特に確認すべき重要な項目です。性能、障害回復、ログ、保守運用性など、システムの処理機能以外の、システムが兼ね備えるべき項目が非機能要件に含まれます。これらは総合テストで初めて確認する項目であり、このテストを十分に行うことが、システムのスムーズな運用につながります。

　一方の機能要件は、本来、結合テストですべて確認が終了しているはずですが、本番と同じ環境で改めて確認します。

総合テストの観点

総合テストでは何をどこまで行えばよいのか、よくわかりません

　そうですね、総合テストを漏れなく行うためには、図5.9に示した非機能要件の分類にある観点からテストを実施するとよいでしょう。各観点において確認すべき内容は、要件定義書あるいは外部設計書から抜き出します。

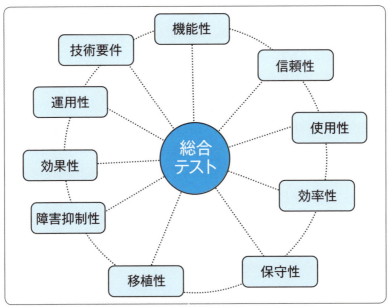

図5.9　総合テストに必要な観点

　機能性では、必要な他システムと接続できるのか、必要なセキュリティが確保されているかなどを要件定義書と照らし合わせ確認します。
　信頼性では、障害対策がなされているかどうか、故障時のデータ回復

能力などを確認します。

使用性では、利用者がそのシステムを理解しやすいかどうか、利用する場合習得しやすいかどうか、操作がしやすいかどうかなどを評価します。

このほか、

- 効率性　　⇒適切な応答時間で反応するかどうか
- 保守性　　⇒保守のしやすさ
- 移植性　　⇒異なる環境でも使えるかどうか
- 障害抑制性⇒障害の発生を防げるかどうか
- 効果性　　⇒投資効果は十分かどうか
- 運用性　　⇒品質目標をクリアしているかどうか
- 技術要件　⇒開発標準は適切か

などを評価します。

これらの観点から作成した総合テストのテスト項目数は、結合テストのテスト項目数と比べ、少なくなる傾向にあります。反面、1つのテストにかかる時間は、多くの場合、結合テストと比べ長くなるので、テスト時間の短縮にはつながりません。

複数ユーザが同時利用するシステムのテスト

複数の人が同時に利用するシステムは、どのようにテストするのでしょうか？

切符や航空券の予約システムなど、複数の人が同時に利用するシステムでは、何かの契機に利用が集中することが想定されます。そのため、過負荷時の動作を十分に確認しておく必要があります。しかし、総合テ

スト前にシステムを本番環境に接続することは許されないため、利用が集中する状態を仮想的に作り出して確認します。

　最も簡単なのは、多人数で実際に利用する方法です。単純でわかりやすい方法ですが、テストに必要な負荷が大きくなると、実施する人手やテスト用端末の確保が難しくなります。そこで用いられるのが、人手によるシステムの操作と同等の状況を自動的に作り出す「シミュレータ」と呼ばれる装置です。例えば切符の予約システムなら、列車を検索して、予約を入れ、決済するという一連の動作を自動的に繰り返すシミュレータを複数用意し、同時に動かしてテストします。これにより、同時利用の過負荷状態を作り出すことができます。

　このシミュレータは、発生させる状況によって既製品を使う場合と新たに作る場合があります。例えば、電話交換機のテストでは電話をかける動作を自動的に繰り返す擬似呼発生装置を使いますが、これには多くの既製品があります。一方、センサからの信号を集めて処理するようなシステムでは、センサ信号を自動発生する独自のシミュレータが必要になります。

総合テスト時のテスト環境

総合テストでは、どのようなハードウェアを使うべきなのでしょうか？

　過負荷時動作を含め、総合テストは擬似的な本番として位置づけられるので、ハードウェア、OS、データベースソフトなどは、可能な限り本番と同じものを用意します。テスト対象のプログラムも、本番運用でそのまま使える形式で準備してください。テスト時と本番運用時で結合方法が異なると、結果として本番運用での結合方法での総合テストが実施されていないことになってしまいます。

データを蓄積していくシステムの場合、本番で想定される程度のデータ量をあらかじめ用意しておくことも重要です。これは、データ量の増加が引き起こす速度低下や、データ増加時の異常動作の検出につながります。

　また、総合テストでは、通常の運用に近い環境下で、通常ではおそらく発生しない状況を作り出すことが求められます。そのため、再現が難しいケースや、想定する原因によっては再現できないケースもあります。

　そのような場合は、動作を記録したログから原因を追究できるのかどうか、追究結果に基づいて規定時間内に回復できるのかどうかを確認することで、状況の再現に置き換える場合もあります。

　これに関連する話を1つ紹介しましょう。銀行のオンラインシステムのように停止が許されないシステムでは、現用機のほかに予備機を用意しておき、障害が発生した場合は予備機に切り替えて、サービスを継続するのが一般的です。総合テストの際も、この切り替えが正常にでき、サービスが継続できることを確認します。

　しかし運用開始後、いざ障害が発生すると、テストのときには成功していた切り替えがうまくできなかったり、切り替えができても、切り替えた予備機で同じ障害が発生したりするなど、テストで想定しなかった状況がよく起こります。これは、障害からの回復テストを正確に行うことの難しさを物語るエピソードです。

総合テストのテスト項目例

　図5.10は、総合テストのテスト項目の例です。どのようなテストを行うか、この例から読み取ってみてください。

テスト区分　□単体テスト　□結合テスト　■総合テスト　□移行テスト　□運用テスト　　管理番号：YA2008-STAR-01-001　通番：1／5

テスト対象名：空席自動案内システム　　　　　　　　　　　　　　　　　　　　　　　　　作成者：山田

No.	テスト予定日	担当者	分類	テスト項目 テスト内容	テスト実施日	テスト実施者	テスト結果	対処内容
1	2018/10/1	山田	人数入力	入力値が0でリジェクトされるか				
2	2018/10/1	山田		入力値が最大値で正しく動作するか				
3	2018/10/1	山田		入力値が最大値より大きい場合リジェクトされるか				
4	2018/10/1	山田		・・・・				
5	2018/10/1	山田		・・・・				
6	2018/10/1	斉藤	受付	正しく受け付けたとき、受付IDが表示されるか				
7	2018/10/1	斉藤		・・・・				
8	2018/10/1	斉藤		・・・・				
9	2018/10/1	山田		受け付けた受付ID、人数で案内されるか				
10	2018/10/1	山田	案内	好み入力が反映されているか（注：好み席が空いている状態。好み席がふさがっている状態を予め作る必要がある）				
11	2018/10/1	山田		全席埋まっているとき、案内待ちになるか				
12	2018/10/1	山田		空席が要求人数未満のとき、案内待ちになるか				
13	2018/10/1	山田		空席が要求人数と等しいとき、案内するか (1) まとまった席希望の場合→案内する (2) ばらばらでもよい場合→案内待ちになる				
14	2018/10/1	山田		まとまった席希望で案内できたときの案内、ばらばらでもよい客がきたときの案内 (1) 好み席であれば案内する (2) 好み席以外の場合は案内しない				
15	・・・	・・・	・・・	・・・・				
16	・・・	・・・		・・・・				
17	・・・	・・・		・・・・				

図5.10　総合テストのテスト項目の一例（テスト項目表）

07 品質保証

品質保証の指標

　ブラックボックステストが中心の結合テストや総合テストでは、テストが十分に行われたことを判断するための指標が必要になります。これは、ホワイトボックステストにより網羅的にテストが実施できる単体テストと異なる点です。テストが十分に行われたことを確認することを「品質保証」と言います。

　品質保証には、どのような指標を使うのでしょうか？

　良い質問です。様々な考え方が提唱されていますが、ここでは「バグ累積曲線」を使った品質保証の方法を紹介します。これは最も基本的で広く利用されている方法です。
　バグとは、プログラムの中に存在する問題点のことです。バグには様々なものがありますが、要件定義書や外部設計書との不一致、異常終了や暴走などプログラムの異常動作がその代表例です。テストに合格しないプログラムには、必ずバグが含まれています。ちなみにバグのつづりは「bug」で、本来は「虫」という意味です。そのため、プログラムにバグがあることを「虫がいる」と表現する場合もあります。
　このバグの発生量を積み上げてプロットしたグラフがバグ累積曲線です。バグ累積曲線は、バグがなくなる頃を判断する指標に使うことができます。

バグ累積曲線

　図5.11は典型的なバグ累積曲線です。横軸に時間、縦軸にバグ数とテスト項目数を取り、そこに2種類のグラフを描きます。1つは、発見したバグの数を積算した値を時間ごとにプロットしたバグ累積数です。もう1つは、実施済みのテスト項目数です。これも時間ごとにプロットします。

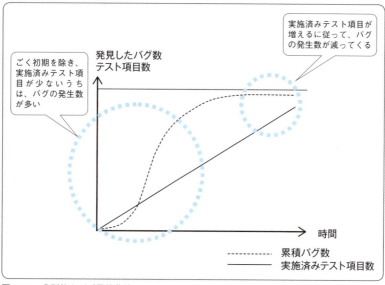

図5.11　典型的なバグ累積曲線

　このバグ累積曲線には次の2つの特徴があります。

（1）実施済みのテスト項目数のグラフは直線的に右肩上がりになる
（2）累積バグ数の変化はS字カーブを描く

　（1）は、テストが順調に進んでいることを意味します。テストの進み具合によって、累積バグ数は変動します。テストが順調に一定ペースで

進んでいることを前提に累積バグ数の特徴を見るため、必ず（1）の前提が必要になります。

　（2）で重要なのは、累積バグ数の変化がS字カーブを描くということです。テストを始めて間もない頃は累積バグ数も少ないのですが、その後、急激に見つかるバグ数が増え、最後は平坦に近づきます。この曲線は一般に成長曲線と呼ばれているもので、累積バグ数に限らず、子どもの成長や製品の成熟なども同じ曲線をたどります。

　この成長曲線の特徴をプログラムの品質保証に利用します。定性的に言えば、（1）と（2）が成立していることを前提として、累積バグ数の変化が平坦になり始めたら、その後、バグが大量発生する状況は想定しづらく、一定の品質が保証できていると判断します。

　いくらか定量的な言い方をするならば、（1）が成立していることを前提に、（2）の累積バグ数のプロットを、最小二乗法を使って成長曲線に当てはめます。そしてその成長曲線が平坦に近くなる時間を求め、その時間からいつ頃バグが収束するかを判定します。当てはめる具体的な成長曲線には、ゴンペルツ曲線またはロジスティック曲線が使われます。

バグ累積曲線の落とし穴

思ったほど難しくありませんね

　そうですね。この判定自体は直感的にわかりやすいものです。しかし、時には熟練者でさえ判断を誤ることがあり、判定には慎重さが必要です。判定で特に注意すべき点を3つ挙げておきます。

　まず大切なのは（1）の前提が崩れていないこと、つまりテストが順調に一定ペースで進んでいることの確認です。いくら累積バグ数の変化が平坦に近づきつつあるとしても、テストが進んでいなければ、実は一時

的な誤差により平坦になっただけで、本来の収束には達していない可能性があります。

次に気をつけるべきなのは、テストの進むペースが一定ではなく、(1)のグラフが直線でない場合です。例えば (1) のグラフがS字を描くようなケースでは、(2) のグラフもその影響を受けてS字のように見える可能性があり、判定を誤る原因となります。

そして、最後は (1) が直線なのに (2) がS字カーブを描かず右肩上がりを続ける場合です。このような状態のプログラムは、品質に根本的な問題があると推測されます。後々、このプログラムで開発を続けるべきかどうかの高度な判断を迫られる可能性があります。

また、開発期間が短い、プロトタイピングにより開発しているといったケースでは、バグ累積曲線が典型的な形にならないため、成長曲線を利用した品質保証が適用できないことにも注意しましょう。

このような場合には、発見したバグの内容を分析します。上流工程で除去されるべきバグがたくさん残っている場合は、上流工程にさかのぼってレビューやテストをやり直すといった方法を採ります。

演習課題

　テストの進捗を管理するための帳票を作成しましょう。作成後、社内の同様の帳票を調査し、違いがあれば、違いとその理由について考察しましょう。

Chapter5 08 受入テスト

受入テストの目的

　システムを本番と同じ、あるいは本番に近い環境でテストする総合テストを終え、一般的な意味でのシステム開発工程はすべて終了したことになります。教科書ならばこれでめでたしめでたしとなるところですが、実際の開発では、この後に「受入テスト」を実施します。

　皆さんが企業でシステム開発に携わるとき、大きく2つの立場が考えられます。1つは開発企業のエンジニアとして、他社から受注したシステムを開発して納入する立場です。その場合、皆さんの仕事はこれまでに説明したシステム開発工程、あるいはそれに類似した流れになります。

　もう1つは、皆さんが顧客、つまり発注企業のエンジニアとして、開発企業に対してシステムを発注する立場です。その場合、皆さんは要件定義から総合テストまでの開発工程を自ら行うことはありませんが、最初の要求定義と、完成したシステムが要求定義通りであるかどうかを確認する受入テストを実施します。

　受注側の総合テスト終了後の処理は、図5.12のようになります。

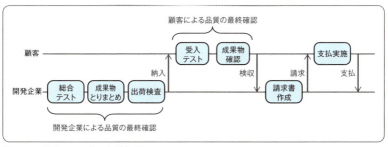

図5.12　総合テスト後の各種処理

5.08 受入テスト　159

開発企業では、顧客に納める成果物をそろえた後、開発企業としてシステムの品質を確認する出荷検査を行います。そして、出荷検査に合格した成果物一式を顧客に納入します。
　顧客は、納入されたシステムが自社の発注内容を満たしており、希望通りであるかどうかをテストします。これが受入テストです。

開発企業が出荷検査で品質を確認しているのに、さらに確認するのですか？

　そうです。開発企業でシステムの品質を確認しているはずですが、その確認の適切さを顧客が判断することは困難です。そのため、顧客自身が受入テストでシステムの品質を確認して初めて、納入されたシステムが自社の発注内容を満たしていると判断できるのです。開発企業任せでは、開発の観点の範囲での判断になることが想定されるため、顧客の観点が漏れる可能性があります。また、システムの品質は、開発途中のプロジェクト管理・品質管理の状況を見ればおおよその品質レベルが類推可能です。受入テストでは、開発企業の開発途中の状況も報告してもらい、出来上がったシステムの品質判断の材料にする場合もあります。
　顧客は、さらに契約に定めた成果物がすべて適切に作られていることを確認し、いずれも問題がなければ、開発企業に対して検収したことを通知します。この検収には、納入された成果物一式が適切であることを確認したという意味があります。

システムの検収と受入テストの期間

　システムが検収されたら、開発企業では請求書を作成して顧客に代金を請求します。これを受け、顧客が開発企業に代金を支払ったところで、一連のシステム開発は終了します。

　ここで問題になるのが、受入テストに費やせる期間です。システムの規模にもよりますが、通常、納入から検収までの期間は1週間から長くても1か月程度です。そのため、網羅性の実現を目指して長い時間をかけることは、現実的には困難です。また、開発企業での出荷検査が適切に行われた場合は、受入テストは単なるテストの重複となり、時間と労力の無駄になります。

　このような理由から、受入テストには網羅性よりも、必要十分なテストを短期間で効率よく行うことが求められます。

受入テストはVモデルのどこに入るのでしょうか？

　良いところに目をつけましたね。一般的には、Vモデルに受入テストは含まれません。しかし、実際のシステム開発では、受入テストも必須ですので、本書ではシステム開発工程の一部とすることにします。

　なお、Vモデルにあえて受入テストを入れるとしたら、要求定義の前の最上流の工程に契約条件を加え、それに対応するものとして総合テスト後の最下流の工程に受入テストを追加します。こうすると、テストと設計工程の対応が取れるでしょう（図5.13）。

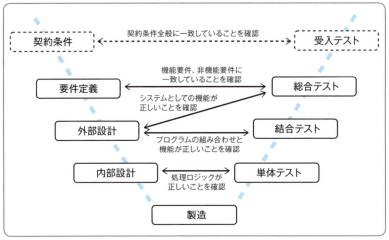

図5.13　受入テストをVモデルに入れるとしたら

受入テストの手順

　これまでのテストでは、それぞれ照らし合わせる文書がありました。同じように考えるならば、受入テストでは、要件定義書や外部設計書などの各文書を含む、契約条件全般が照らし合わせる対象になります。

　受入テストの実施にあたっては、システムの要件だけではなく、関連する業務内容、さらには発注の経緯も含めて、技術面と業務面の両方に対する十分な理解が求められます。そのため受入テストは、要求定義書を作成した部門が行うのが一般的です。

　図5.14は、受入テストの作業手順を示したものです。よく見るとわかりますが、これはテストの一般的な手順であって、受入テスト特有の項目はありません。ただし、テスト項目の作成方法は、ほかのテストと少し異なります。

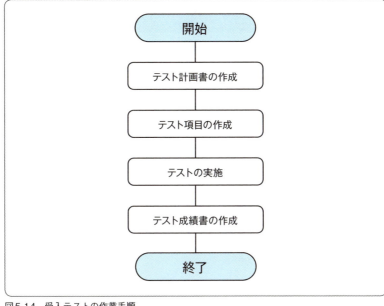

図5.14 受入テストの作業手順

　テスト項目の作成には、大きく2つの方法があります。1つは、開発企業が作成したテスト項目をそのまま採用する方法です。これには開発企業が実施したテストを追認する意味があります。もう1つは、顧客すなわち受入テストの実施者が、独自のテスト項目を作成する方法です。開発企業とは別の観点からテストすることで、潜在化していた問題を洗い出すことができます。

　なお、顧客が独自に作るテスト項目は、要件定義書または外部設計書に照らし合わせて作成するのが一般的です。

受入テストに合格しなかった場合

　テストで不合格の項目が出てきた場合、顧客は検収することができませんので、開発会社に差し戻します。テストに合格しない理由が単純なプログラム上の不具合ならば、プログラミングに立ち戻ってソースコードを修正し、改めてテストを行い、問題がないことを確認して再度納品します。

　しかし、テストに合格しない理由が外部設計での検討不足や要件定義での見落としの場合には、話はややこしくなります。開発工程の上流まで立ち戻り、それ以降の工程をすべてやり直すことになるからです。システムの規模や不具合の内容によっては、数か月といった単位でやり直し作業が発生する場合もあります。

やり直しの費用は誰が支払うのでしょうか？

　外部設計や要件定義の不備が原因で発生した不具合については、それが開発企業の責任なのか、顧客の責任なのかを当事者同士で話し合って明らかにします。

　もしも不具合の原因が開発企業の責任と判断された場合、それはシステムの不具合、つまりバグとみなされ、開発企業の費用で修正しなければなりません。

　不具合の発生箇所が上流工程であるほど、修正には時間とコストがかかります（図5.15）。時には、修正で必要になる追加の人件費がシステム開発の利益を上回り、プロジェクトを進めるほど赤字になるという恐ろしい事態に陥る場合もあります。

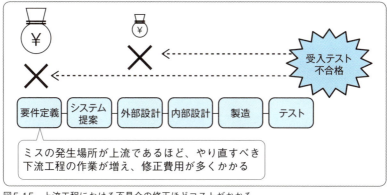

図5.15　上流工程における不具合の修正ほどコストがかかる

　蛇足ですが、そのようなプロジェクトでは、メンバが次第に疲弊して集中力や創造性を失い、それが原因となって新たなミスを生み、システムが一向に完成しないという、負のスパイラルに突入することがあります。そのような状態を、その過酷さから「デスマーチ」と呼びます。

　一方、顧客が提供した情報に誤りがあったなど、顧客側に不具合の原因がある場合には、納入時点で顧客の意向によりシステムの仕様に変更が生じたとみなして、顧客が開発企業に追加料金を支払って修正するのが一般的です。ただし、これは原則であり、開発企業と顧客の関係によっては開発企業がサービスで修正する場合もあります。

　いずれにしても、このような大掛かりな手戻りを発生させないためにも、上流工程での検討やレビューを確実に漏れなく実施し、仕様を明確にしておくことが大切です。

受入テストの合格後

　すべてのテスト項目に合格したら、受入テストに合格したことを「受入テスト成績書」に記録します。受入テストの合格は後続する検収の前提条件となりますので、必ず記録しておかなければなりません。ほかのテスト以上に、受入テストでは成績書が重要です。

Chapter5
09 受入テストの実施例

大規模なシステムの受入テスト

　ここからは、大規模なシステムが納入された後、短い期間で必要十分なテストを効率よく行うことが求められる受入テストを、どのように行えばよいのかを考えてみましょう。

　基本的には、1つの側面から画一的な手法でテストするのではなく、あらゆる手段を利用して様々な角度からテストを行います。ただ、定式化された汎用的な方法論があるわけではないので、経験則から導かれた方法を用いるのが一般的です。

　ここで、皆さんにお聞きします。規模が大きいシステムの場合、短い期間で必要十分な受入テストを効率よく行うためには、どのようにしたらよいと思いますか？

画面を確認してみてはどうでしょうか？

　なるほど。主にWebブラウザ上でインターネットを利用するサービスでは、画面を使った確認が有効であるかもしれません。同時に、ランダムなデータを入力して異常動作をしないことが確認できれば、例外処理のテストも少しはカバーできそうです。

　しかしこの方法は、画面数が多いシステムには不向きです。すべての画面を再現表示し、隅から隅までそれが正しいかどうかを確認していては、非常に時間がかかるためです。また、画面表示数は少ないけれども、見えない部分で膨大な処理を行うようなシステムでも、画面によるテス

トでは確認が困難でしょう。

 では、一体どうすればよいのでしょうか？

　この問題を解決する方法として、システムの種類を問わず、大規模なシステムに適用できて、さらに汎用性もある受入テストの例を紹介しましょう。

受入テストを効率よく実施する方法

　受入テストでは、限られた時間内に効率よく実施することが求められるため、人間の経験や直感を使いながら、いくつかのスクリーニング的な方法を組み合わせて、総合的にシステムの品質を確認する必要があります。

　ここで紹介するのは、先輩などからのアドバイスを基に私の経験から編み出した方法で、ステップ数が10万程度あるシステムの受入テストでも、テスト期間1日で必要十分なテストを行うことができます。

　このテスト方法は、次の4つのステップからなります。

(1) 開発企業にすべてのテストのテスト項目表を提出してもらい、丁寧かつ網羅的にテストが行われていることを確認する
(2) 開発企業に結合テスト以降の障害処理票を提出してもらい、十分な数の障害処理が行われたことを確認する。これにより、テストの有効性を判断する。また、障害処理の内容から開発企業のプログラミングのレベルを推察する
(3) 障害処理票から、いくつかの処理済み項目を抜き出して再テストし、実際にバグが除去されていて、テストに合格することを確認する

（4）要件定義書や外部設計書を見ながら、いくつかの独自のテスト項目を作成し、テストを実施する

　まず（1）では、開発企業が選び出したテスト項目の適切性を総合的に評価します。テスト項目が少な過ぎる、テスト内容が偏っている、単純なテストしか行われていないなど、テスト項目の不適切さが目立つようであれば、テスト自体の確からしさを疑います。

　続く（2）では、障害処理票の数が十分であるかどうかを見ることで、実施したテストが有効であったかどうかを確認します。また、障害処理票の内容を確認して、バグが発生しやすいポイントを適切に検出できているかどうかも確認します。

　なお、通常ならばバグを作り込むとは考えにくい基本的な項目に対しても、障害処理を行っている場合は、開発企業のプログラミングレベルに問題がある可能性を疑います。

　（3）では、テスト成績書の記述の信憑性を確認します。実施していないテストを合格したかのように装っていたり、テストで発見したバグを未処理のままにしていたりする場合などは、この確認で見つけ出すことができます。1つのバグの除去がプログラムのほかの部分へ影響を与えるような場合でも、十分ではありませんが、この方法で見つけ出すことができます。

　最後の（4）は、開発企業とは異なる視点でテストを行うことを意味します。テスト項目作成者の想定から外れたバグを見つけ出すためには、全く別の担当者が異なる視点でテスト項目を作成することが有効です。

　以上の方法を利用することで、大規模なシステムに対しても短い時間で効率よく受入テストを行うことができます。皆さんが受入テストの担当者になった際は、ぜひ試してみてください。

　図5.16は、過去の研修で行った受入テストの実施例です。バグだけではなく、要件定義上の問題点も指摘しています。上流工程の作業がいか

に重要であるかを理解してください。

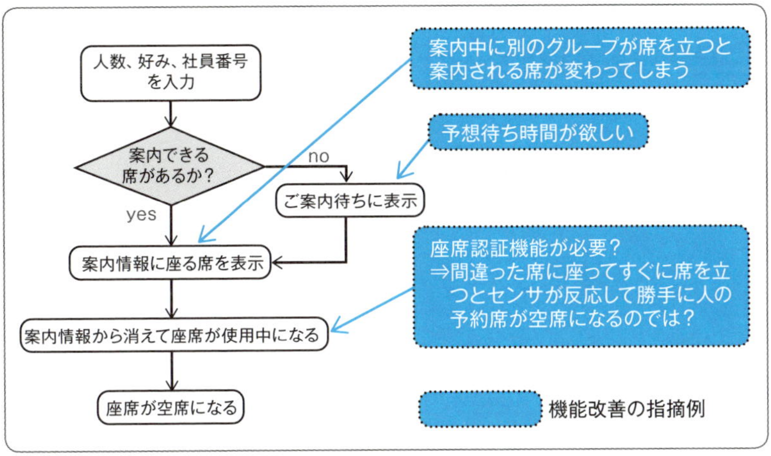

図5.16　受入テストの実施例

演習課題

　受入テストのテスト項目一覧表を作成しましょう。作成後、社内の同様の帳票を調査し、違いがあれば、違いとその理由について考察しましょう。

第3部

アジャイル型
開発モデルでの開発

第6章　アジャイル型開発モデル

第7章　スプリントでの活動

第3部ではアジャイル型開発モデルでの開発の全体像とスプリントでの作業内容を説明します。いくつか新しい言葉が出てきますが、意味を理解して作業を進めましょう。ウォータフォール型開発モデルの問題点も実感することができるでしょう。

第3部　アジャイル型開発モデルでの開発

第6章
アジャイル型開発モデル

第6章では、アジャイル型開発モデルの流れをウォータフォール型開発モデルと比較しながら説明するとともに、基本的な用語を説明します。

Chapter6
01 ウォータフォール型開発モデルでの開発の難しさ

システム開発の難しさ

さて、皆さんの中には、すでに開発プロジェクトに配属されて、ウォータフォール型開発モデルでシステム開発を経験してきた人もいるでしょう。その人に質問しますが、プロジェクトは計画通り、順調に進みましたか？

いえ、計画通り進まず、予定から大幅に遅れてしまい、プロジェクトマネージャが頭を抱えていました

システム開発の現場では、何らかのトラブルが発生すると言っても過言ではありません。計画通りに進むプロジェクトは、ある意味では奇跡と言えるかもしれません。

皆さんが学んだウォータフォール型開発モデルでは、プログラミングつまり製造は、必ず内部設計に基づいて行うものでした。しかし、現実のプロジェクト、特に「火を噴いているプロジェクト」では、このような予定通り進まないという状況が少なからず見られます。

火を噴いているプロジェクトとは、何らかのトラブルが発生し、危機的な状況になりつつあるプロジェクトのことです。例えば、

● 製造の進捗状況が思わしくないのに納期が迫っている

- 納期直前なのに致命的なバグが発見された
- プロジェクトの途中なのに予算が底をついてしまった
- キーパーソンが倒れて、全体像を把握できている人がいなくなってしまった

など、プロジェクトが火を噴く要因は様々です。

QCD

ところで、皆さん「QCD」という用語を聞いたことがありますか？ 新しくはありませんが、ものづくりを成功に導く勘所と言える普遍性のある用語です。

Qは「Quality（品質）」を、Cは「Cost（費用）」を意味します。では、最後のDはどのような意味だと思いますか？ 品質や費用と並んで、ものづくりには欠かせない要素です。

> 締め切りという意味の「Deadline」でしょうか？

期限に間に合わせるという点では間違っていませんが、正解は「Delivery（納期）」です。ピザなどを配達することをデリバリと言いますが、同じ意味です。Deliveryには、単に納品するだけではなく、顧客が「即使用できる状態にして納める」という意味があります。

ものづくりではQCDを守ることが基本です。つまり、「高品質な製品を、無駄な費用を掛けずに、約束した期日までに使える状態にして納める」ようにしなければなりません。直感的にも理解しやすい、納得できる考え方だと思います。

システム開発の難しさには、次のような特徴が含まれます。

6.01 ウォーターフォール型開発モデルでの開発の難しさ

（1）ユーザの要望を把握することが難しい

（2）詳細な仕様を決めることが難しい

（3）正確な要求を相手に伝えることが難しい

（4）品質の確保が難しい

以下では、その特徴についてもう少し見ていきましょう。

（1）ユーザの要望を把握することが難しい

　開発の要求者と設計・製造を行う者とが別にある場合、その要求者に対してヒアリングを行い、要求者がシステムやソフトウェアに求める要望を聞き出す必要があります。

　開発したいと思う要望は、その要求者の頭の中にあります。この思いがこれまで使ったことがないようなサービスやユーザビリティへの思いの場合、これをうまく引き出すことは容易ではありません。

　要求者は、自分が使ったことのないものへの要望を話すことは難しく、自分の経験を基に思いつきで回答することがあります。この場合、その回答と求める要望との間に差があるケースが多いと言えます。

　また、ヒアリングを行う対象者は多ければよいとは限りません。実現しようとするものが誰にでも使われるものを目指そうとしたことで、多機能になるばかりで、使いにくいものが出来上がり、ユーザの満足度（品質）を下げることになります。さらに、開発においては設計が複雑化し、維持管理コストの増大にもつながります。

（2）詳細な仕様を決めることが難しい

　次の要望を実現するインタフェースの仕様を考えましょう。

　●2つの数値を入力して、［計算］ボタンを押下した後に、2つの数値

の積を表示する

皆さんなら、どのようなインタフェースを考えますか？
例えば、図6.1のようなものでしょうか。

図6.1　2つの数値の積を表示するインタフェース

　たしかに要望を満たしていそうな感じですね。でも、これだけで本当によいのでしょうか？
　例えば、次のようなことは考える必要はありませんか？

- どちらかに数値を入れずに［計算］ボタンを押した場合は？
- 入力する数値の範囲は？
- 入力する文字は、半角？　全角？　十進数以外も許すのか？
- 計算後に入力した数値は消すのか、それとも消さないのか？
- 数値以外の入力があったときにエラーメッセージを表示するのか？
- 利用状況をログとして残すのか？　残す場合のログの管理方法は？
- サイズが異なる画面で見たときの表示方法は？
- 任意のコード（命令コード）を入力欄に入力して実行できないようにしているのか？

　上記に示した以外にも考えられることはあります。使用するユーザが多いほど使い方は様々になります。また、単純な仕様であっても、セキュリティを考慮すると仕様として実装する範囲は広がります。

(3) 正確な要求を相手に伝えることが難しい

「受入テスト（5.08節）」でも説明しましたが、ウォータフォール型開発モデルでは、システムやソフトウェアに求める要求定義・要件定義から完成品にたどり着くまで複数の工程を実施する必要があり、受入テストで発覚した仕様漏れは開発に大きな影響を与えます。これは、要求通りに正しく設計、動作できているかの確認が最後の工程になるまで判断できないからです。

ウォータフォール型開発モデルの上流工程では、要求定義・要件定義、設計を文章で伝え、製造までに1行1行に意味のある厳格な文章（プログラム）に落とし込みます。つまり、製造の時点では"書いたとおりに動作する"ものとなっています。"考えたとおりに動作する"ものになっているためには、要求定義・要件定義から製造までの間に"正しく要求が伝えられているか"が重要になるのです（図6.2）。

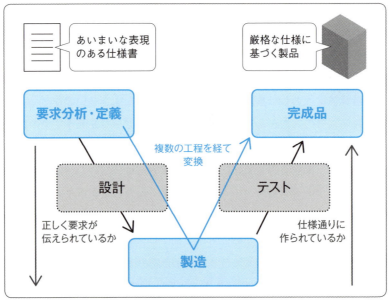

図6.2　要求定義・要件定義から製造までの間に正しく要求を伝える

正しく要求を伝えるためには、実現方法のみを伝えるだけではなく、その背景や課題、目的、方針などを伝えることも重要になります。

（4）品質の確保が難しい

（2）で示したような単純な要求であっても、考えるべき条件は多々あります。どこまで考えるのかによって、設計・製造においての仕様漏れの発生の増加や、テスト項目の増大による稼働の増加が懸念されます。

品質を確保するためには、「テストの観点」を意識した設計および製造が必要になります。

設計では、テストの対象となる設定値、入力値などを仕様書に漏れなく記入し、テスト工程で誤解の生じないように心がける必要があります。

製造では、プログラミングの段階でテストを通過することを意識した作り込みを行うと品質の向上につながります。

ウォータフォール型開発モデルにおける開発の難しさ

ウォータフォール型開発モデルは、目指そうとする完成品を要求定義・要件定義の時点で十分に的を絞り、この目標に向けて開発を行います。もし、要求定義・要件定義や設計に漏れがあると目標からずれたところに着地することになります。

これは、ダーツに例えると、固定された的の中心点に向けてダーツを投げ込むようなもので、研ぎ澄まそうとした集中力にぶれが生じると的の中心点から外れた位置にダーツが突き刺さることになります。

ここで、1つ考慮しなければならない前提があります。それは、「的が動かない」ことです。的が動いてしまっては、いくらダーツを中心点に向けて正確に投げても、当たるはずがありません。これをウォータフォール型開発モデルに例えれば、完成品の当初の目標がずれるということになります。

実は、ウォータフォール型開発モデルにおける開発の難しさは、この完成目標のずれに柔軟に対応できないことが挙げられます。

Chapter6

02 アジャイル型開発モデルとウォータフォール型開発モデルとの違い

　ウォータフォール型開発モデルでは、設計時に開発すべきシステムが決定しているという前提に立っています。しかし、現代のビジネス環境は刻々と変化しており、設計時にはそのビジネスに最適であったシステムも、設計から開発を行う間に生じたビジネスの変化によって、完成したときには役に立たないというような事態が発生します。

　そのような変化する顧客の要望を取り入れ、かつ素早い開発が可能な手法としてアジャイル型開発モデルが普及しつつあります。

ウォータフォール型開発モデルとの違い

　アジャイル型開発モデルとウォータフォール型開発モデルとの違いには、次のようなことが挙げられます。

（1）短い期間の開発を繰り返す

　アジャイル型開発モデルでは、短期間で開発・確認ができるものを顧客にとって価値の高いものから順に製造・リリースおよび確認を繰り返す（反復）します。この反復期間を"イテレーション（スクラムでは「スプリント」）"と呼び、数週間程度の短期間を固定された期間として実施します。

　これを前節のようにダーツに例えれば、最初は当初の的の位置（目標）に向けて短い距離に的を絞ってダーツを投げます。次は、投げた先の地点で周りの状況を把握し、的の位置の方向を修正し、再び短い距離に的を絞ってダーツを投げます。以下、この操作を繰り返して、変化する的

の位置を正確に狙っていきます（図6.3）。

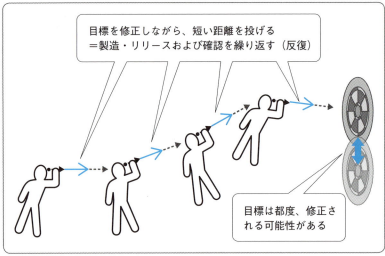

図6.3　アジャイル型開発モデルをダーツに例えると……

（2）優先度の高いものから作る

　ウォータフォール型開発モデルでは、初めに開発するものの仕様を確定してからすべての機能を作り始めます。作られる機能には、必須の機能が当然含まれますが、「必要そう」な機能も盛り込みがちになります。
　一方、アジャイル型開発モデルでは、優先度の高い必須の機能から作り、次にニーズの高い機能を順次追加しながら開発を行います。あくまでも、必要最小限の機能実現を目指すため、当初想定していた機能についても、作られないことがあります。

（3）実現範囲を定めずに調整するスタイル

　開発においては、「実現範囲」と「QCD（品質：Q、費用：C、納期：D）」をうまく調整する必要があります。

ウォータフォール型開発モデルでは、このうち「実現範囲」を定めて（固定して）開発を進めます。この場合、QCDは開発の状況に応じて変動する可能性が大いにあります。

　一方、アジャイル型開発モデルでは、実装すべきものを確認しながら開発を行うため、「QCD」を常に意識しながら進めます。ユーザが開発途中で仕様に変更が生じた場合は、それを受け入れて開発目標を柔軟に変更させるため、「実現範囲」を固定（決定）せずに行います（図6.4）。

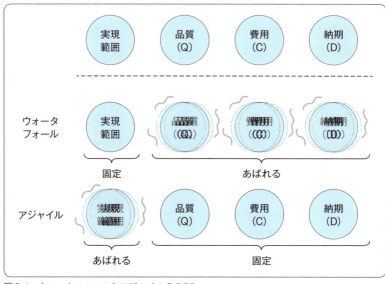

図6.4　ウォータフォールとアジャイルのQCD

アジャイル型開発モデルの概要

　アジャイル型開発モデルの具体的な開発手法には、代表的なものとして、「XP（Extreme Programming）」や「スクラム」などがあります。
　本書では、主にスクラムにおいての開発手法を説明していきます。
　本書では、次の流れで開発を進めていきます（図6.5）。

- プロジェクトビジョンの共有（インセプションデッキの作成）
- 業務全体像の理解（ユーザストーリマッピング）
- スプリント計画
- スプリント
- デイリースクラム
- スプリントレビュー
- ふりかえり

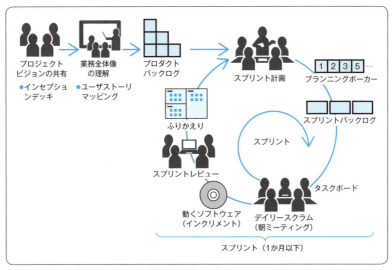

図6.5　本書で解説するアジャイル型開発の流れ

（1）プロジェクトビジョンの共有（インセプションデッキの作成）

　プロジェクトビジョンの共有のために、スプリントを開始する前に「インセプションデッキ」を作成し、スクラムメンバの認識合わせを行います。インセプションデッキとは、プロジェクト開始時にしておくとよい10の質問とその回答のことです。詳細は次節で説明します。

（2）業務全体像の理解（ユーザストーリマッピング）

「ユーザストーリマッピング」で業務の全体像を表します。ユーザストーリマッピングとは、システムの全体像を整理し、実現したい項目に優先順位をつけたプロダクトバックログを作成するための方法です。

（3）スプリント計画

スプリント計画では、実現したいことを短い文で表した"ストーリ"の一覧から今回実装するストーリを選び、発注者および開発者内で合意をします。また、そのストーリをスプリントで実装できる作業（タスク）レベルに落とし込みます。

ここで、ストーリの一覧を"プロダクトバックログ"と呼び、あるストーリを作業レベルであるタスクの一覧にしたものを"スプリントバックログ"と呼びます。

（4）スプリント

スプリント計画で合意したストーリについて、設計・製造・テストを行います。この期間は、主に1〜4週間です。

製造時においては、実装しなければならないすべてのタスクをタスクボードに貼り付け、あるタスクが「実装前」「実装中」「実装完了」のどれにあるかを開発者全員が把握できるようにします。

スプリント中の活動の中では、「プロダクトバックログ」、スプリントで必要な作業のリストである「スプリントバックログ」、動くソフトウェアである「インクリメント」の3つが作成・更新されます。

(5) デイリースクラム

　デイリースクラムは、開発者全員で行う簡単なミーティングです。主に、作業開始前の朝などに実施します。

　このミーティングを通して、各メンバにおいての作業状況や課題点などを全員が把握し、1日の作業内容を決めていきます。

(6) スプリントレビュー

　スプリントで作成された成果物を発注者側と確認し、実装を計画したストーリについての完了判断を行います。

　成果物は実際に動作するものであるため、このレビューにより改善点などが見えるようになります。

(7) ふりかえり

　開発者全員で、今回のスプリントについて、よかったことや課題の確認を行い、全体の見直しを測ります。

　ふりかえりの方法はいくつかの手法がありますが、主に「よかったこと」「問題点」「次に行うべきこと」の3つを書き出して行う方法などがあります。

Chapter6
03 プロジェクトのビジョンの共有

自己組織化

　アジャイル型開発モデルの手順で説明したように、「スプリント計画」→「スプリント」→「スプリントレビュー」→「ふりかえり」の手順を繰り返し行いながら、開発を進めていきます。この手順について、何か思いつくものがありませんか？

PDCAではないでしょうか？

　そのとおりです。計画（P）→開発（D）→チェック（C）→改善（A）と同じ手順を踏んでいることがわかります。また、開発を行うスプリントにおいても、一つ一つのタスクについて、同様に計画、開発、チェック、改善を行うようにしていますので、全体として2重のPDCAを行っていると言えます。
　このようなPDCAを、開発者のチーム内でうまく行えるようにするためには、開発者チームが「自己組織化」することを求められます。

自己組織化とは何ですか？

　自己組織化とは主に次のようなことを言います。

●**リーダからの指示で行うのではなく、チーム内の話し合いと主体的**

な判断で行動すること
- 助け合いを大切にすること
- 自発的に関わろうとすること

また、そのために必要なものとしては次のようなことがチーム内で行われることが重要です。

- チームとしての一体感と信頼関係を構築すること
- 開発に対して、チームで目指すビジョン・目標を共有すること
- 各メンバが行った行動を全員に共有すること
- 情報の公開と共有を徹底すること（透明性）

特に情報の透明性については重要です。開発チーム内でプロジェクトの目的や背景、方針を共有することは、各メンバが同じ方向に目を向けることができ、チームリーダに確認をしなくても自ら進められるようになります。また、各メンバの状況を共有することで、"今誰が何をしているのか"、"どこで困っているのか"が見えるようになり、その解決をチーム全体で助け合いながら進めることができるようになります。

開発メンバの構成

ウォータフォール型開発モデルによる開発では、プロジェクトマネージャがチーム内に1人いて、開発を牽引していきます。一方、アジャイル型開発モデルでは、開発チーム（スクラムチーム）全体で開発を牽引していきます。ただし、「スプリント計画」→「スプリント」→「スプリントレビュー」→「ふりかえり」のPDCAを円滑に行うために、開発メンバ内で表6.1に示すようなメンバ構成で進めていきます。

表6.1　スクラムのメンバ構成

名前	役割
プロダクトオーナ（PO）	開発の責任者。主に仕様を決める権限を持っており、要求に対しての優先順位をつけたり、作られたものの確認を行う
スクラムマスター（SM）	スクラムの指導者で、開発の全体作業や顧客とのやり取りが円滑に進むようにPOとチームを支援する
チーム	開発を担当し、要求をソフトウェアとして実現する

　この演習では、各チームでプロダクトオーナを決めて作業を進めます。スクラムマスターは、講師が担当して、スクラムの作業状況や進捗状況に対してアドバイスをすることにします。

インセプションデッキ

　それでは、アジャイル型開発モデルの最初の取り組みを始めていきましょう。まず、最初に「インセプションデッキ」を決めていくことから始めます。

「インセプションデッキ」とは何ですか？

　インセプションとは、これから進めようとするプロジェクト全体の背景や目的、方向性、価値観について認識を合わせることを言います。インセプションデッキは、その認識合わせを端的に述べたドキュメントで表現して相手に伝えます。したがって、非常に短い文章の中にプロジェクトに対する思いを詰め込むことになります。

何だか難しそうな感じがします

6.03 プロジェクトのビジョンの共有　189

たしかにそうですね。正確に物事を伝えるには事細かく説明する必要があります。それを短く説明すると、場合によっては正確性に欠けた内容になってしまう可能性があります。

アジャイル型開発モデルでは、チーム全体が主体的に開発に取り組んでいきます。それを実現するためには、各メンバがプロジェクトの目的や背景、方針を理解しておくことが必要になり、インセプションデッキでプロジェクトのビジョンをチーム全体に共有することが大切になるのです。

インセプションデッキの作成には、Jonathan Rasmussonが執筆した『アジャイルサムライ――達人開発者への道』（オーム社）で紹介されている10枚のテンプレートスライドが参考になります（表6.2）。

表6.2　インセプションデッキの種類

名称	説明
①我われはなぜここにいるのか？	プロジェクトの最終目標を決める
②エレベーターピッチ	相手を説得する文句を作る
③パッケージデザイン	製品のキャッチコピーを作る
④やらないことリスト	やること・やらないことを決める
⑤「ご近所さん」を探せ	ステークホルダを洗い出す
⑥解決案を描く	システムの全体像を描く
⑦夜も眠れない問題	想定されるリスクを洗い出す
⑧期間を見極める	実施と締め切りを決める
⑨何を諦めるのか	機能や品質、予算、時間からどれを優先させるかを決める
⑩何がどれだけ必要か	必要な人・費用・期間等のリソースを明らかにする

※『アジャイルサムライ――達人開発者への道』第3章3.3節で紹介されているインセプションデッキを表にしたもの。右列「説明」は本書筆者による解説。

10の質問のうち、①～⑤はこのプロジェクトのWhy（なぜ）をはっきりさせるために作ります。プロジェクトのWhy（なぜ）、を理解しているチームは、実現したいこと同士、あるいはそのコストなどとの間で対立が起きた際のトレードオフのバランスをよりうまく保てるようになり、

190

より的確な判断を下せるようになります。また、より良い解決案を生み出せるようになります。

⑥〜⑩は、How（どのように）をはっきりさせるために作ります。具体的な解決策を考え、このプロジェクトの方針を決定します。

最初の2枚についてもう少し詳しく見ていきましょう。

我われはなぜここにいるのか？

「我われはなぜここにいるのか？」で伝えることは、開発プロジェクトの発足の経緯や目的を記述することにあります。つまり、"なぜこのプロジェクトを始めようとしたのか"や"これから開発しようとするものは何なのか"をチームとして意思を共有させることにあります。

この記述には、図6.6のテンプレートを使って作成してみてください。

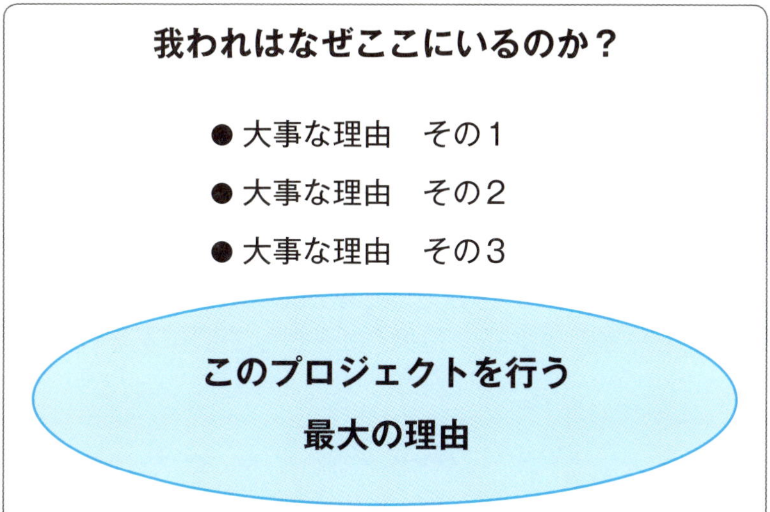

我われはなぜここにいるのか？

- 大事な理由　その1
- 大事な理由　その2
- 大事な理由　その3

このプロジェクトを行う
最大の理由

図6.6　インセプションデッキ：我われはなぜここにいるのか？
※ "https://agilewarrior.wordpress.com/2010/11/06/the-agile-inception-deck/" by Jonathan Rasmusson,
　used under CC BY. / 上図は https://github.com/agile-samurai-ja/support/tree/master/blank-inception-
　deck（日本語版）を修正したもの。

6.03 プロジェクトのビジョンの共有　191

「大事な理由 その1〜その3」には、企業の視点に立って、"なぜこのプロジェクトにお金を使用するのか"の理由を書くようにしましょう。そして、その中で最も大事と思うものをピックアップして、赤枠の中により具体的な理由を示していきます。

エレベーターピッチ

エレベーターピッチは、短い時間（15秒〜30秒）の説明で相手の興味や関心を得るための売り込み文句を作ります。これは、エレベーター内でたまたま企業の経営者に会ったときに、相手を説得するための話術に相当します。

この記述には、図6.7のテンプレートを使って作成してみてください。

エレベーターピッチ

● [必要性や抱えている課題を解決] したい。

● [対象顧客] 向けの、[プロジェクト名] は、[製品のカテゴリー] です。

● これは、[重要な利点、対価に見合う説得力のある理由] があり、[他の主要な競合製品] と違って、[差異化の決定的な特徴] が備わっています。

図6.7 インセプションデッキ：エレベーターピッチ

※ "https://agilewarrior.wordpress.com/2010/11/06/the-agile-inception-deck/" by Jonathan Rasmusson, used under CC BY. / 上図は https://github.com/agile-samurai-ja/support/tree/master/blank-inception-deck（日本語版）を修正したもの。

インセプションデッキの進め方

　インセプションデッキは、それをベースに議論を行いお互いの理解を深めるために利用します。特定の人が作って、他の人に共有するというやり方ではなく、チームで集まって最初から一緒に作る、あるいは一部のたたき台は準備しておき、チームで議論しながら作成していきましょう。

　インセプションデッキは、作って終わりというものではありません。作成したインセプションデッキは、開発メンバ全員が見やすい位置に張り出しておきましょう。そして、常にこのプロジェクトは何を目的としているのか、そのためには何をやることにし、何をやらないと判断したのか、自分たちのプロジェクトのビジョンに対して、自分たちの活動がぶれていないかについて確認し続けましょう。

　インセプションデッキに修正を加える場合もあります。外部動向の変化やソフトウェアに対するフィードバックを繰り返し受ける中で、当初のプロジェクトのビジョンを修正したほうがよいと感じる場合には、もう一度インセプションデッキを見直し、修正して、チーム全員がプロジェクトのビジョンが変わったことを理解できるようにしましょう。

　演習では、まず、プロダクトオーナとして「我われはなぜここにいるか」と「エレベーターピッチ」を作成し、開発チームや他のチームと自分たちの作成したインセプションデッキを使って議論しましょう。自分たちがなぜ、どのようなソフトウェアを開発しようとしているのかを納得性を持って説明できるでしょうか？

　また、チームで相談をして、「プロジェクト名」を決めておいてください。

6.03 プロジェクトのビジョンの共有　193

> **演習課題**
>
> 「我われはなぜここにいるのか？」「エレベーターピッチ」以外のインセプションデッキについて調べ、チームの目指す方向性を示してみましょう。

【参考文献】
Jonathan Rasmusson／著、西村直人・角谷信太朗／監訳、近藤修平・角掛拓未／翻訳『アジャイルサムライ──達人開発者への道』（オーム社、2011年）

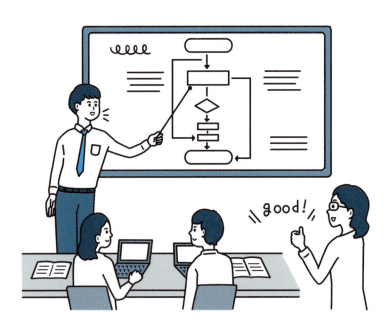

第3部　アジャイル型開発モデルでの開発

第7章
スプリントでの活動

第7章では、実際の開発作業について説明します。開発メンバの役割と作業項目を理解して、アジャイル型開発を体験してください。

Chapter7
01 プロダクトバックログの作成

アジャイル型開発モデルにおける要件の抽出

ウォータフォール型では製品に対する要求を要件定義として求めましたが、アジャイル型ではどのように行うのですか？

　アジャイル型開発モデルでは、この作業を「プロダクトバックログの作成」と呼びます。「プロダクトバックログ」とは"製品（またはサービス）への要求一覧"のことを意味します。

「バックログ」を日本語で言うと"残務"や"積み残し"、"未処理分"ですよね。これはどのようなものですか？

　プロダクトバックログは開発初期から完璧な要件の一覧を作るものではなく、この後で説明する「スプリント」の作業を進めながら徐々に要求を明確な要件として確定していきます。
　プロダクトバックログは、優先して確認・開発すべき要件を順に並べたリストになります（図7.1）。開発初期の段階では、優先度の高いものから要件を明確にしていきますが、優先度の低いものは、「その時点において要求・要件はあいまい性があるけれども実装に必要なもの」と考えている内容になります。この優先度の低いものは、スプリントを進めて

いくことで、実装に必要であるのか、不必要であるのかを決定していきます。

ウォータフォール型開発モデルでは、開発プロセスの初段で製品に必要な要件を漏れなくすべて導き出します。一方、アジャイル型開発モデルにおいては、プロダクトバックログで優先順位の高いものから徐々に要件を明確にし、最終的にすべての要件が導き出されることになります。

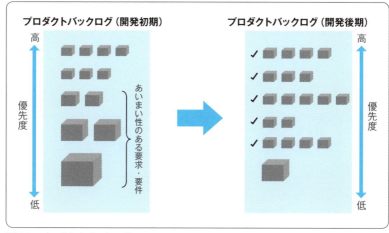

図7.1　プロダクトバックログ

 わかりました。では、プロダクトバックログはどのようにして作成すればよいのでしょうか？

ここでは、「ユーザストーリマッピング」を使ってプロダクトバックログを求める手法について説明していきましょう。

ユーザストーリマッピング

ユーザストーリマッピングとは、ユーザが取りうる行動を洗い出し、その行動を時系列に並べることで、行動に基づいた"あるべき機能"を

導き出す手法です。そのため、現状の業務（As-Is）プロセスをあるべき業務（To-Be）プロセスとして業務内容を整理する手法に役立てることができます。

　ユーザストーリマッピングにより、ユーザが最も大切にする価値を重視し、システムの振る舞いがどのようになるのかを表すことができるようになります。

　ユーザストーリマッピングの手順は、図7.2のようになります。以下では、ユーザストーリマッピングの手順として、「デートに行く」という作業を例に説明していきます。

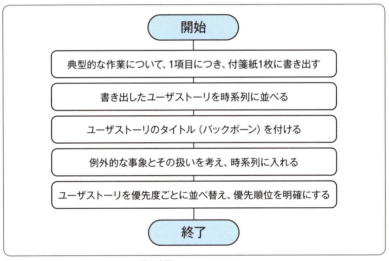

図7.2　ユーザストーリマッピングの手順

典型的な作業について、1項目に付き付箋紙1枚に書き出す

　開発メンバ全員で、典型的な作業の流れを付箋紙に書き出していきます。これを「ユーザストーリ」または単純に「ストーリ」と呼びます。付箋紙には、作業の1項目につき、1枚の付箋紙を使います（図7.3）。この書き出しは個人作業になります。よって、他のメンバと相談して項

目の洗い出しを行うようなことはしないでください。

　図7.3に示したストーリの書き出し例は非常に簡単に書いていますが、実際には「誰のため（Who）」「何をする（What）」「理由（Why）」がわかるように書くとよいでしょう。

　例えば、

「（Who）は（What）をする。なぜなら、（Why）したいから」

のように記載します。

図7.3　典型的な作業項目の洗い出し

書き出したストーリを時系列に並べる

　各メンバで書き出したストーリを出し合い、時系列の順に並べます。ストーリの中で同じ時間内に起きるものがある場合は、上下に並べて配置します。ただし、作業上優先度の高いものは上側に配置するようにしてください（図7.4）。

図7.4　ストーリを時系列の順に並べる

ストーリのタイトル（バックボーン）を付ける

　同じ列または連続するストーリについて、そのストーリに共通したタイトルを付加します。このタイトルは、「バックボーン」と呼ばれています。

　図7.5の例では、次のようにバックボーンを付けることにします。

- 予定を確認　→　「確認」
- 服を着替える、顔を洗う、朝ごはんを食べる、トイレに行く　→　「身支度」
- バッグを持つ　→　「準備」
- 持ち物を確認する　→　「持ち物確認」
- 出かける　→　「出発」

図7.5　バックボーンを付ける

例外的な事象とその扱いを考え、時系列に入れる

　これまでに導き出したストーリの流れの中で、「もし、○○○が起きたら」という例外的な事象の発生とその扱いを考えます。

　例えば、表7.1のような事象と扱いを考えます。

表7.1　例外的な事象とその扱い

例外的な事象の発生	扱い
外出中に雨が降った	確認：「天気予報を確認する」 準備：「天気予報が雨なら折り畳み傘を用意」
交通機関の支障で 待ち合わせに遅れる	確認：「交通手段を確認する」 出発：「交通機関に遅延があるなら早く出る」

導き出した扱いは、付箋紙に記載して時系列上に配置していきます（図7.6）。

図7.6　例外的な事象への対応

ストーリを優先度ごとに並べ替え、優先順位を明確にする

最後に、ストーリを優先度ごとに並べ替えて優先順位を明確にしていきます。ここでは、優先順位が同じストーリの集まりを作り、優先順位の高いものから順に上から下へ並べ替えていきます。

並べ替えを行ったときに、優先順位の境目がわかるように線で区切ってわかりやすくします。これを「スライスを切る」と言います。そして、スライスを切ったことによる優先順位の同じストーリの集まりを「スライス」と呼び、上から順にスライス1、スライス2、……と呼びます（図7.7）。

例では、4つのスライスに分かれています。スライス1では「絶対に行うこと」、スライス2では「時間に余裕があったら行うこと」、スライス3以降は「もしものことを考えて必要なこと」という位置づけで並べ替えを行っています。

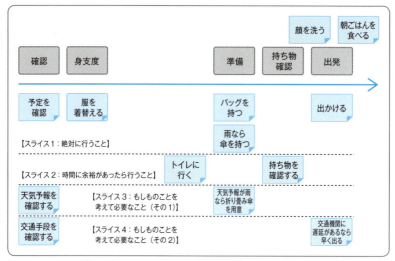

図7.7　スライスを切る

ユーザストーリマッピングからプロダクトバックログを作成する際の注意点

ユーザストーリマッピングにより、優先して実装すべき作業項目が求められます。これをプロダクトバックログとして作成を行います。

プロダクトバックログには、優先順位の高いスライスから順に転記していきます。ここで、次のような点を考慮しておくとよいでしょう。

(1) 優先順位の考え方

実装の優先順位について、次のような考え方で決めましょう。

- ユーザにとって最も価値が高いもので、プロダクトオーナにより実現したい価値基準によって順位付けする
- 早めに動作を確認しておかなければならないものには順位付けする

(2) 1つの付箋紙に優先順位の異なる作業があった場合

この場合は、複数の作業に分割して再配置をするようにしましょう。

(3) 適切なユーザストーリマッピングの基本原則 (INVEST)

ユーザストーリマッピングにある各ストーリは、表7.2の条件（頭文字からINVESTと呼ばれています）を満たしているかを再確認しましょう。

表7.2　ユーザストーリマッピングの基本原則 (INVEST)

条件	内容
独立していること (Independent)	他のストーリと独立していること
交渉可能なこと (Negotiable)	開発側とプロダクトオーナとの間でコストや開発方法について交渉により改善が行えること
価値があること (Valuable)	利用者にとって価値があること
見積もりが可能なこと (Estimate)	コストが見積もれるだけの情報があること
小さいこと (Small)	短い期間で製造ができるような、適切なサイズに分割が行われていること
テスト可能なこと (Testable)	そのストーリが完了したかをテストできること そのテストにOK・NGが言えるための明確な受け入れ条件があること

(4) 非機能要求の明確化

　ユーザストーリマッピングでは、主に「機能要求」が明確になります。一方で「非機能要求」は明確になりません。考慮すべき非機能要求は付箋紙に記載して、ユーザストーリマッピング上の該当箇所近くに貼り付けるようにしましょう。

Chapter7 02 スプリント計画

スプリント計画

　プロダクトバックログの作成により、優先順位が付けられた、実装すべき要件の一覧表が求められました。次に行うことは、各要件を実際の開発が行える具体的な作業（タスク）レベルまでに詳細化することです（図7.8）。

図7.8　プロダクトバックログからタスクレベルへの詳細化

 わかりました。では、プロダクトバックログにあるすべての内容をタスクレベルまで詳細化すればよいのですね

　そうではありません。前に説明しましたが、プロダクトバックログの中で優先順位の低いものは、その時点ではまだ要件にあいまい性があってタスクレベルに落とし込めないものがあったりします。また、実際の実装を行う「スプリント」は短い実装期間（1～4週間）となります。この期間中に実装が可能なものを、プロダクトバックログの中から範囲を

決めて開発を始める必要があります。

　したがって、プロダクトバックログの中から1回のスプリントでどこまで実装ができるのかという計画を立てる必要があります。この計画を「スプリント計画」と呼びます。

　スプリント計画では、「どのような価値のあるものを、どこまで作るのか」「達成するにはどうすればよいのか」を開発チーム内で話し合い、合意を行います。これにより、プロダクトバックログの中から1回のスプリントで実装する範囲が決まります。そして、この実装範囲にある要件をタスクレベルに落とし込んだタスクの一覧を「スプリントバックログ」と呼びます（図7.9）。

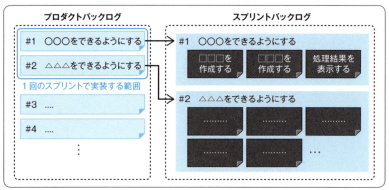

図7.9　スプリントバックログ

　スプリント計画は、以下に示す「スプリント計画第1部」および「スプリント計画第2部」の順に進めていきます。

スプリント計画第1部

　スプリント計画第1部では、プロダクトオーナが開発チームに対して、今回のスプリントでプロダクトバックログの中からどこまで実装するのかを説明し、最終的な達成目標はどこまでかについて合意をします。

プロダクトオーナは、今回のスプリントで最終的に何がほしい（確認したい）のかをプロダクトバックログの中から実装順番を決めていきます。また、実装方法の内容（具体的な画面イメージや動き、結果表示、エラー等）も伝えます。開発側は、今回のスプリントでどこまで作れるか、どうやって実現するかを決めていきます。

スプリント計画第2部

　スプリント計画第2部では、主に開発側の作業で、実装対象に必要なタスクをすべて洗い出していきます。ここでは、プロダクトバックログの中の今回の実装範囲にあるストーリを、実装に必要な具体的なタスクレベルに落とし込みます。

　タスクの洗い出しの結果次第では、その実施に必要な時間の見積もりにより、1回のスプリント内で収まらない可能性が出てきます。この場合は、プロダクトオーナと相談して、実装範囲を調整するなどを行ってください。

時間の見積もりは、難しそうです。
何かいい方法はないでしょうか？

　たしかに、正確な時間の見積もりは経験が伴うもので難しいですね。ここでは、「プランニングポーカー」を使った見積もり技法について紹介したいと思います。

プランニングポーカーによる見積もり技法

　プランニングポーカーとは、「1」「2」「3」「5」「8」「13」……と各数字が書かれたカードを開発メンバ全員が持ち、あるストーリの見積もりがどれくらいの値になるのかをカードで出し合って決定していく手法で

す。ちなみに、カードに書かれた数字ですがこれはフィボナッチ数列（最初の二項が1で、第三項以降の項がすべて直前の二項の和になっている数列）の値になります。

プランニングポーカーを使った見積もりの手順は、図7.10のとおりです。

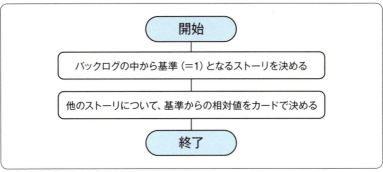

図7.10　プランニングポーカーによる見積もり

(1) バックログの中から基準（= 1）となるストーリを決める

バックログにあるストーリの中から、基準（見積もりが1となる）となるストーリを決定します（図7.11）。この選定には、見積もり時間が短く、比較的正確さが高いストーリを選ぶとよいでしょう。

ストーリ	見積り
実現したいこと #1	
実現したいこと #2	1
実現したいこと #3	
実現したいこと #4	
実現したいこと #5	
実現したいこと #6	
実現したいこと #7	
実現したいこと #8	
⋮	

基準

図7.11　基準のストーリの設定

(2) 他のストーリについて、基準からの相対値をカードで決める

他のストーリの見積もり値を、基準値からの相対値として求めます（図7.12）。この相対値を、プランニングポーカーを使って次のようにして求めていきます。

①見積もりを行うストーリの機能イメージをプロダクトオーナが説明する
②開発メンバ全員が、ストーリの開発に必要な見積もり値をカードから選び、出し合う
③カードの値が……
【全員一致の場合】見積もり値が決定する
【不一致の場合】見積もり値を出した理由を聞き出し、全員が合意または再びカードを出し合って一致するまで行う

ストーリ	見積り
実現したいこと #1	2
実現したいこと #2	1
実現したいこと #3	3
実現したいこと #4	5
実現したいこと #5	2
実現したいこと #6	1
実現したいこと #7	3
実現したいこと #8	2
⋮	

基準から2倍と想定

基準から3倍と想定

図7.12　相対値からの見積もり

　以上のようにして見積もられた値は、1回のスプリントで開発が行えるストーリの範囲を見積もり値の合計値で表せるようになります。この値を「ベロシティ（Velocity）」と呼びます。2回目以降のスプリントでは、このベロシティを基に次に実装すべきストーリを見込んでいけばよいことになります（図7.13）。

ストーリ	見積り
実現したいこと #1	2
実現したいこと #2	1
実現したいこと #3	3
実現したいこと #4	5
実現したいこと #5	2
実現したいこと #6	1
実現したいこと #7	3
実現したいこと #8	2
⋮	

ベロシティ=6

1回目のスプリントで実現（実績）

2回目のスプリントで実現（見込み）

3回目のスプリントで実現（見込み）

図7.13　ベロシティからの開発見込み

210

Chapter7
03 スプリント

スプリントにおいての共同作業と見える化

　スプリント計画で合意したストーリを具体的なタスクに落とし込んだ後は、プログラミングによる製造とテストの実施です。アジャイル型開発モデルではこの作業を「スプリント」と呼びます。

　スプリントは、約1週間から4週間の短い期間内で実施します。

> 今回のスプリントで開発するものを絞り込みましたが、メンバ全員がプログラミングが得意というわけではないので、本当にできるのか不安です

　アジャイル型開発モデルでは、開発メンバとなった全員が開発に携わることになります。開発メンバの中には、全員プログラミングが得意という人が集まっているわけではないので、それを補うための技法が必要になってきますね。

　ここでは、「共同作業」「情報共有」「見える化」をキーワードに、スプリントにおいての技法について紹介していきたいと思います。

ペアプログラミング、モブプログラミング

　アジャイル型開発モデルにおけるプログラミング作業の代表的な技法の1つに「ペアプログラミング」と「モブプログラミング」があります。

　ペアプログラミングは、2人一組となってプログラミング作業を進める方法で、次のようなルールに基づいて行います。

①2人一組で1台のモニタを使いプログラミング作業を行う

②コードを記述する"ドライバ"と、ドライバをサポートする"ナビゲータ"を決める

③定期的に役割を交代する

ペアプログラミングは、1人がコードを記述し、一方がそのコードのレビューを同時に行うため、設計が正しく行われているかを確認しながら進めることができます。また、共同作業は開発担当した箇所の個人依存を無くす効果や知識の共有が行われることによる開発メンバのスキル向上などが行えるなど、様々な効果があります。

これに対し、モブプログラミングは、ペアプログラミングが2人一組で行っていたことを、3人以上で行います。1人がコードを記述するドライバ、その他の人たちがナビゲータとなります。

デイリースクラムによる情報共有

デイリースクラムは、情報共有を行うためのミーティングであり、日々の作業の開始前（毎朝に行われることが多い）に行います。

ミーティングの特徴として、次のような点が挙げられます。

●立った状態で15分ほど行う（座って行うと長くなることが多いため）

●作業の進捗報告ではなく、お互いの状況を共有し合う

アジャイル型開発モデルのチームは自己組織化したチームであるため、やるべき作業やメンバが困っている作業に対して、誰もが積極的に手を挙げてサポートします。デイリースクラムでは、メンバの状況を共有し合い、お互いにサポートできることを確認し合う場になります。

デイリースクラムでは、次の質問に対する回答を話していきます。

①昨日行ったことは？
②本日行うことは？
③気になっていることは（課題の共有）？

タスクボードによる進捗作業の見える化

　タスクボードは、スプリントバックログにある各タスクの進捗状況がどのような状態かを示すためのツールです。このツールは、トヨタ生産方式の「かんばん方式」を参考にした進捗管理ツールになります。

　タスクボードでの進捗管理では、「ToDo（やること）」「In Progress（作業中）」「Done（完了）」の3つ状態を用意し、今回のスプリントで開発するタスクを「ToDo（やること）」にまず配置します（図7.14）。

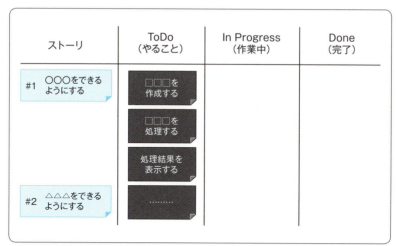

図7.14　タスクボードによる進捗管理（初期）

タスクの一覧の中から開発担当が決まったタスクは、「In Progress（作業中）」に移動させ、別の開発メンバにどのタスクが開発の着手中・未着手中であるかを把握できるようにします（図7.15）。

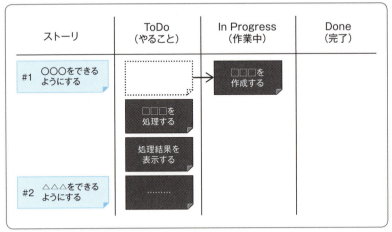

図7.15　タスクボード（ToDo → In Progress）

　さらに、作業中のタスクの実装が終わった場合は、そのタスクを「Done（完了）」へ移動させます（図7.16）。

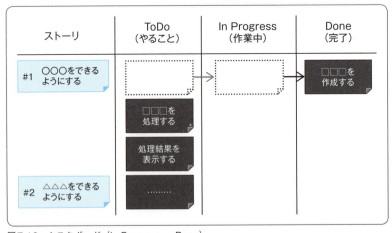

図7.16　タスクボード（In Progress → Done）

以上のような、タスクボードを開発メンバが常に見ることができる場所に貼り付けておくことで、メンバ全員が開発の進捗状況を常に把握できるようになります。

　いくつかのよくないタスクの進め方も紹介しておきましょう。

タスク分割、および作業時間の見積もりを行っていないユーザストーリがある場合

　そのスプリント中の作業があとどれくらい残っているかが把握できません（図7.17）。そのユーザストーリに着手しようとして初めて、そのスプリントでは終わる見込みが立たないことに気がつくかもしれません。気づくのがスプリントの後半になればなるほど、採れる対応は減っていきます。

　スプリントの開始時にそのスプリントで実現するすべてのユーザストーリについて、タスク分割と作業時間の見積もりを行いましょう。

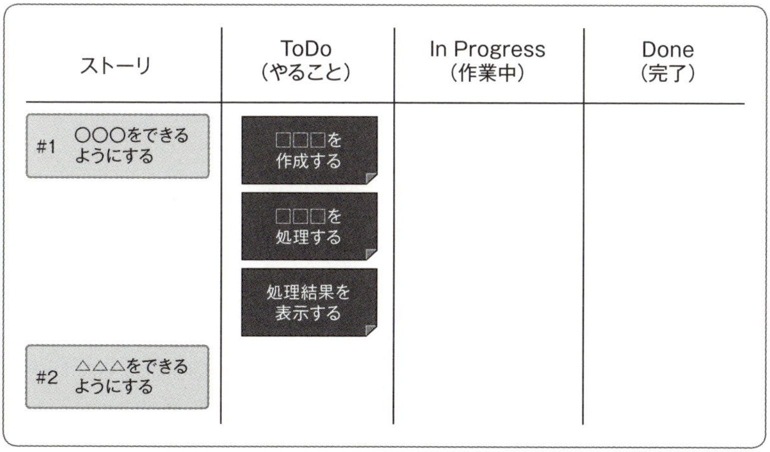

図7.17　よくない例：タスク分割をしていないユーザストーリがある

7.03 スプリント　215

複数のユーザストーリのタスクに並行して着手している場合

　もし、複数のユーザストーリのタスクが残ってしまうと、どちらのユーザストーリも完了となりません（図7.18）。原則として、優先順位の最も高いユーザストーリについて、全員でタスクを実施していきます。

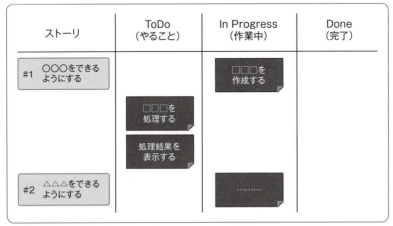

図7.18　よくない例：複数のユーザストーリのタスクに着手している

開発チームの人数に対して、実施中のタスクが多い場合

　やりかけのタスクの存在が想定されます（図7.19）。複数のタスクを切り替えながら作業することは、1つのタスクに集中するより効率が悪いと言われています。また、やりかけの理由が何か別の作業の待ちである場合には、待ちによって作業効率が落ちていると考えられます。
　さらに、あるタスクに取り掛かったものの、なかなか終わらずに停滞している場合は、他のメンバの助けを借りたほうがよいかもしれません。

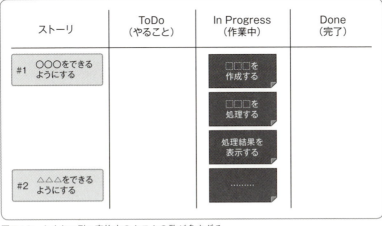

図7.19　よくない例：実施中のタスクの数が多すぎる

バーンダウンチャートによる進捗作業の見える化

　タスクボードは、各タスクの進捗状況の詳細を見ることができるものですが、バーンダウンチャートではスプリントバックログ全体の進捗状況を確認するためのツールになります（図7.20）。

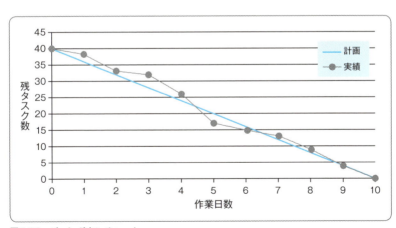

図7.20　バーンダウンチャート

バーンダウンチャートは横軸に時間、縦軸に残タスク数（または残時間）をとったグラフで、時間の経過に対する残りのタスク数（ToDoとIn Progressのタスクを足したもの）をプロットしていきます。そのため、グラフは右肩下がりのグラフとなり、「開発期間までにすべての作業タスクを消化することができるのか」をわかりやすくしたものになります。

実績値が計画する線上の上側にプロットされた場合は"計画から遅れている"、下側にプロットされた場合は"計画より進んでいる"ことがわかります。

その他の開発技法

上記以外にもアジャイル型において有名な技法に「テスト駆動開発（TDD：Test-Driven Development）」があります。

テスト駆動開発は、プログラムコードを記述する前にテストコードを用意し、そのテストに合格するようにプログラムコードを記載する開発手法です。テストコードがある状態での実装を行うため、「コーディングミスが起こりにくい」ことや「仕様上の誤りがあっても、その発見までの時間が短い」などの効果が得られます。

Chapter7 04 スプリントレビュー

スプリントレビューで確認すること

スプリントが終わった後は、現時点でできている成果物に対してレビューを行います。アジャイル型開発モデルでは、このレビューを「スプリントレビュー」と呼びます。

スプリントレビューでは、プロダクトオーナやステークホルダに対して成果物のデモンストレーションを行い、スプリントで予定していたストーリがどこまで完了したか、完了したストーリが適切にできているか、そのストーリがビジネスにおいて価値あるものになっているかなどを確認します。そして、プロダクトオーナーやステークホルダは、確認したストーリの実装に対してOK（Done）を出すか、NGを出すかの判断をします。

スプリントレビューであるストーリの機能について、自信を持って「Done」と判断するのが難しそうです

「あるストーリに対する機能が完成した」と自信を持ってDoneと判断することは、開発者側もプロダクトオーナ側も悩ましいところです。これは、何をもってDoneとするかが人によって違うからです。

この点は「Doneの定義」をしっかりと決めておくことが重要です。

Doneの定義

上記で示した内容を解決するには、各ストーリに対する明確なゴール（条件）を定める必要があります。つまり、「Doneの定義」です。

7.01節で説明したユーザストーリマッピングの基本原則（INVEST）の"T"の項目を振り返ってみてください。Tは、あるストーリに対して「テスト可能（Testable）」であることを意味しており、以下に再掲する内容を含めることが良いストーリであることの1つの条件としています。

- ●ストーリが完了したかをテストできること
- ③テストにOK・NGが言えるための明確な受け入れ条件があること

例えば、「ユーザを登録できるようにしたい」というストーリに対する受け入れ条件として、図7.21のような例が考えられるでしょう。

- ・登録ページでユーザの登録ができること
- ・登録ページでは、以下のユーザ情報が入力できること
  - ▶ ユーザID（メールアドレス）
  - ▶ パスワード（8文字以上の大文字、小文字の英文字からなる）
  - ▶ 生年月日
- ・生年月日はカレンダーから指定できること
- ・未入力箇所がある場合は再入力を促すようにすること
- ・ユーザ情報はデータベースに保存されること
- ・同じユーザIDがデータベース上にある場合は、エラーメッセージを出すこと

図7.21　ストーリの受け入れ条件

このような受け入れ条件は、スプリント計画においてはっきりと明確化させます。そして、スプリントでは開発者が受け入れ条件を満たすよ

うに実装を行い、スプリントレビューではプロダクトオーナが受け入れ条件を用いたDoneの判断を行います。

プロダクトバックログの見直し

レビュー結果では、Doneとなったストーリ以外にも「NGとなったストーリ」や「追加検討が必要なストーリ」などが新たに発生します。そのため、レビュー結果後は、次のスプリント計画の実施のために、プロダクトバックログの見直しを行います。

プロダクトバックログの見直しでは、次の点についてストーリの優先順位の調整と詳細化を行います。

- 以下に示す未完了のストーリの優先順位の入れ替えを行う
  - ▷当初予定していたストーリ
  - ▷スプリントレビューでNGとなったストーリ
  - ▷スプリントレビュー後に追加となったストーリ
- 優先度の高いストーリにおいて、スプリントレビューの内容からストーリの再構成が必要であれば修正作業を行う
- 優先度の高いストーリにおいて、あいまい性があるストーリの詳細化を行う

実施のタイミング

本書では、研修を進めるうえでわかりやすいようにプロダクトバックログへの項目の追加や修正を、スプリントレビューの中で実施するように説明しています。しかし、実際のソフトウェア開発では、外部の動向の変化や、リリース済みのソフトウェアに対する利用者からのフィードバックなどのタイミングで随時行ってもかまいません。開発チームが項目を追加してもかまいません。ただし、プロダクトバックログの優先順

7.04 スプリントレビュー　221

位についての判断は、プロダクトオーナが責任を持ちます。

　また、プロダクトバックログの見直し結果は、次回以降のスプリントで実現することになります。現在のスプリントで実施する作業が変わることはありません。

Chapter7

05 ふりかえり（レトロスペクティブ）

ふりかえりでやること

アジャイル型開発モデルでは、スプリント計画からスプリント、スプリントレビューまでの一通りの手順をふまえた後に、その中で行われた開発チームでの行動や考え方についてのふりかえりを行います。これを「レトロスペクティブ」と呼びます。

ふりかえりを行う目的は、行動や考え方を共有してチーム全体の成長を促すことです。これは、アジャイル型開発モデルが自己組織化するのに必要なことです。特に、アジャイル型開発モデルでは、同様のスプリントを繰り返し行うため、ふりかえりを定期的に行うことで、その改善効果が高くなります。

ふりかえりの対象は"ひと"ではなく"こと"

ふりかえりをすることで、課題点が見つかります。課題点には必ず問題点がありますが、アジャイル型開発モデルのふりかえりでは、その問題点を"ひと"のせいにして反省するのではなく、必ず"こと"に対して反省します。例えば、「サポートが不足していた」ことや「情報共有する仕組みが足りなかった」など、チームとしての課題としてとらえるようにします。

7.05 ふりかえり（レトロスペクティブ）　223

KPTによるふりかえり

ふりかえりを行う理由がわかりました。
では、良いやり方はありますか？

　アジャイル型開発モデルでは、「KPT」によるふりかえりがよく用いられているようです。KPTは「Keep」「Problem」「Try」の頭文字をとったもので"ケプト"と呼んでいます。
　それぞれの意味からもなんとなく想像ができると思いますが、KPTを使った開発チーム内でのふりかえりでは、「次回も持続させたい項目（Keep）」「うまくいかなかったこと（Problem）」「次回チャレンジしたいこと（Try）」の3つの項目について、以下で示す方法でそれぞれ意見を出し合い、図7.22に示す各領域に貼り付けて反省と改善点を見つけていきます。

①話し合いをせず、個人で思いつくことを一項目ずつ付箋紙に書き出す
②図7.22の該当箇所に貼り付ける（似たものは近くに貼り付ける）
③チーム内で順に①の内容を発表する

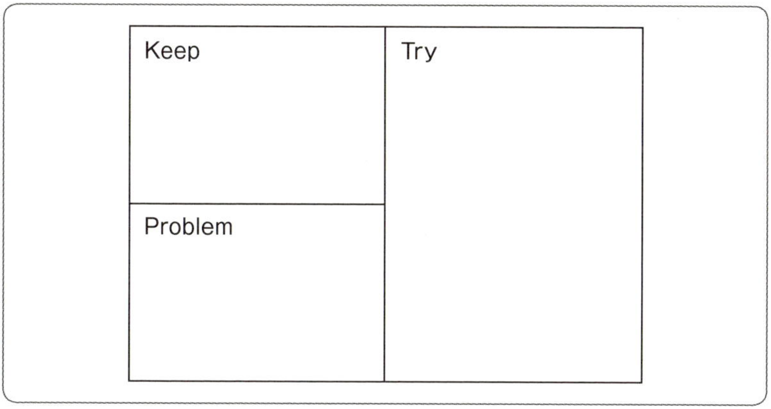

```
┌─────────────────────────────────────────┐
│  ┌──────────────┬──────────────┐         │
│  │ Keep         │ Try          │         │
│  │              │              │         │
│  │              │              │         │
│  ├──────────────┤              │         │
│  │ Problem      │              │         │
│  │              │              │         │
│  │              │              │         │
│  └──────────────┴──────────────┘         │
└─────────────────────────────────────────┘
```

図7.22　付箋紙を貼り付けるためのKPT欄

(1) Keep

　今回の開発期間において、「良かった点」「うまく行えた点」「感謝したいこと」「うれしかったこと」など、今後も継続または強化していきたい内容を導き出します。

(2) Problem

　「うまくいかなかったこと」「直したいこと」「気になること」などの今後の課題点となる内容を導き出していきます。

　Problemにまとまった付箋紙の一覧からは、重要な課題点が見つかるでしょう。その課題点について、チーム内で改善策を話し合ってください。そして、改善策に対してチーム内で合意したら、その内容を付箋紙に書き込み、Tryの内容の一部として貼り付けます。

(3) Try

　Problemの解決策として出されたこと以外の、次回のスプリントで

7.05 ふりかえり（レトロスペクティブ）　225

「やってみたいこと」「チャレンジしたいこと」などを導き出します。

「心がける」や「気をつける」ではなく、できた・できないの判断がつく具体的な行動を書き出すようにしましょう（図7.23）。まずは手順に従って個人で思いつくことを書き出した後に、チーム内でディスカッションを行い、次回のスプリントで何を実施するか決めていきましょう。

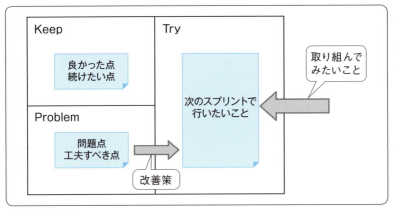

図7.23　Tryの導き出し

このようにして導き出されたTryの内容を次回のスプリントで実施を行い、またふりかえりを行うことで、開発チームの作業の進め方や継続的なプロセス改善を行っていきます。

レトロスペクティブを行ううえでの心構え

レトロスペクティブで、改善策を考えチームとして成長し続けるためには、率直にKeep、Problemについて述べられることが必要です。また、次のスプリントで取り組むTryの項目について、開発チーム全体が納得し、積極的に取り組める状態になっていることが必要です。このための、レトロスペクティブを行う際にはいくつか留意しておくことがあります。

積極的な参加

あなたのチームをよりよくすることが目的です。当事者意識を持って参加しましょう。

1人で話しすぎない

話していない人にも思いがあるかもしれません。その人たちの思いも引き出しましょう。また、意見が合わなかったとしても人の話をさえぎってはいけません。

問題 対 私たち

問題が見つかったときに、原因は追求しますが、それが誰の責任かは追及しません。繰り返しますが、"ひと"のせいにして反省するのではなく、必ず"こと"に対して反省してください。問題をチームとしてどう解消するかを考えましょう。

> **演習課題**
>
> 自己組織化されたチームとはどのようなチームであるかを考えてみましょう。

第4部

プロジェクトマネジメント

第8章　プロジェクトマネジメント

第9章　セキュリティ

第4部では、ウォータフォール型開発モデル、アジャイル型開発モデルの両方に共通なプロジェクトマネジメントについて説明します。

　さらに、プロジェクトマネジメントのなかでも特に重要なセキュリティについても説明します。

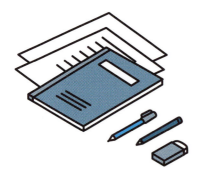

第4部　プロジェクトマネジメント

第8章
プロジェクトマネジメント

プロジェクトマネジメント技術は、様々な組織や企業でまとめられていますが、この章では、世界的に普及しているPMBOKについて説明します。

Chapter8
01 プロジェクトマネジメントの体系

プロジェクトの舵を取る

演習で実際にシステム開発を実施してみてどうだったでしょう、皆さんの想定通りに進められたでしょうか？

計画とのずれが発生したり、当初想定していた機能を実現するには期間が足りなくなったりが起きたりしたチームもあるでしょう。要望を出すチームと、開発をするチームのペアでコミュニケーションに問題はありませんでしたか？　チームによっては、一時的に活動できるメンバが少なくなるなどのハプニングが起きたかもしれません。

皆さんの周りのシステム開発では、演習よりさらに関与する人が多くなりますし、活動を進めるためのお金や物が十分にあるかということにも気を配らなくてはいけません。また、自分たちの活動は正しい方向へ進んでいるかどうかを確認することも不可欠です。

システム開発がうまく進むように、全体の舵を取ることを一般に「プロジェクトマネジメント」と呼びます。プロジェクトマネジメントをどのように考えるかについてここでは、「PMBOK（Project Management Body of Knowledge）」というプロジェクトマネジメントの体系に沿ってお話しします。

PMBOKガイド（プロジェクトマネジメント知識体系ガイド）とは、Project Management Institute（PMI）という非営利の組織が、プロ

ジェクトマネジメントの広い場面で適用できる役に立つ知識、スキル、ツールを体系的にまとめたもので、プロジェクトマネジメントの世界的な標準として知られています。

PMIは、1969年に設立され、調査、研究および様々な議論を経て、1987年に『プロジェクト知識体系』を出版しました。その後、改定が続けられ、1996年に名称を「プロジェクトマネジメント知識体系ガイド」と変更し、これが現在のPMBOKの原型となります。ガイドという言葉が加わったのは、プロジェクトマネジメントのすべての知識体系を規定するものではなく、その一部であることを強調するためです。また、その後も約4年おきに改訂が行われており、2017年の第6版では、アジャイル型開発モデルに関する情報や最新情報が積極的に取り入れられました。

PMBOKでは、ソフトウェア開発に限らず、建物の建設であったり、イベントの実施であったり、様々な業種や分野のプロジェクトマネジメントに共通する考え方や手法がガイドとしてまとめられています。PMBOKは、そのまま現場に適用できるような手順書ではありませんが、自分たちのプロジェクトをうまく進めるための良い参考書、指針として活用できます。

8.01 プロジェクトマネジメントの体系　　233

Chapter8
02 PMBOKの構成

プロジェクトとプロジェクトマネジメント

まずは、プロジェクトとは何か、プロジェクトマネジメントとは何か、また基本的な考え方を整理しましょう。

そもそもプロジェクトとはどのようなものでしょうか？

PMBOKでは「独自のプロダクトやサービス、所産を創造するために実施される有期性のある業務」としています。プロジェクトの特徴となるのは、「独自」なものを創造することと「有期性」のある業務であることです。

「独自」の製品やサービスの創造

プロジェクトの結果として、製品、サービスを提供するための業務、調査結果等の文書など、有形無形の成果物が生成されます。この成果物が独自のものであることというのがプロジェクトの特徴の1つです。「独自」の製品やサービスを創造するという、これまでにやったことがないことに取り組むため、何が起こるかは完全には予測できず、不確実性が高い業務となります。

成果物としてソフトウェア、それに付随する文書群や利用者のためのヘルプデスクサービスが生成されることもありますし、新しい医薬品の

開発、ツアーガイドサービスの拡大、組織合併、新サービスを開発するための調査の実施などもプロジェクトになります。

有期性のある業務

プロジェクトには、明確な開始と終了があります。ただし、必ずしもプロジェクトは短期間なものであるということではありません。プロジェクトにはごく短いものから、非常な長期にわたるものまで存在します。

プロジェクトが終了するのは、その目標を達成したとき、あるいは何らかの理由で中止されるときです。理由には、「目標が達成できない」「できそうにもないから」「資金をはじめとする資源が足らなくなったから」「プロジェクトの必要性がなくなったから」などが挙げられます。

ルーティーンワーク

プロジェクトに対し、同一の製品やサービスを継続的、反復的に提供する活動をルーティーンワーク（定常業務）と呼びます。ルーティーンワークは、作業時間の経過に従い、反復されることで経験が深まり、不確実性は低くなります。また、誰でも作業可能であり、作業の品質を高く保てるように標準化、細分化することができます。

新しい製品を開発する、アップグレードする、あるいは、新しいサービスを生み出すなど、これまでに行ってきた業務を改善する間の活動はプロジェクトです。これに対し、プロジェクトの結果として得られた成果物を引き継いで、継続的に製品を生産したり、業務を遂行したりするのがルーティーンワークです。

どちらも組織として必要な活動ですが、その特徴が大きく異なりマネジメントの手法も異なります。

8.02 PMBOKの構成　235

プロジェクトマネジメント

　独自の製品やサービスを生み出すというこれまでにやったことがなく不確実性の高いことに有期的に取り組むことがプロジェクトです。このプロジェクトを効果的かつ効率的に実行できるようにするための活動がプロジェクトマネジメントとなります。

　PMBOKでは、プロジェクトマネジメントとは、「ステークホルダの要求を満足させるために、知識、スキル、ツールおよび技法をプロジェクト活動へ適用すること」と定義されています。

　プロジェクトマネジメントにより、ステークホルダの期待に応えること、適切な時期に適切な製品やサービスを提供すること、問題や課題を解決することなどを実現します。

　逆に、マネジメントが不足しているプロジェクトでは、納期が守られなかったり、コストが超過したり、プロジェクトの目標が達成とされなかったりということが起きます。

　ここまでプロジェクトとは何か、そしてプロジェクトマネジメントとは何かを見てきました。次にPMBOKにおいてプロジェクトマネジメントの知識やスキル技法がどのように体系化されているかを見ていきましょう。

プロセス

　プロジェクトマネジメントは、多くの活動から成り立っています。PMBOKでは、一連の活動からなるかたまりをプロセスと呼びます。プロセスでは、ツールや技法を使用して、1つ以上のインプットから、1つ以上のアウトプットを生成します（図8.1）。

　プロセスのアウトプットは、別のプロセスのインプットまたはプロジェクトの成果物となります。

図8.1 プロセス：インプットからツールと技法でアウトプットする

　PMBOKの第6板では47個のプロセスが定義されています。このプロセス群を体系化するのに、PMBOKでは、知識エリアとプロセス群という大きな2つの軸を設けています。1つは、プロジェクトを進めていく際に、どういった側面に注意を払うべきかの体系で知識エリアと呼びます。もう1つが、時間軸からの体系でプロセス群と呼びます。

知識エリア

　知識エリアとして、スコープ、コストやスケジュールといった個々のマネジメントについて述べる9つのエリアとそれらを取りまとめる統合マネジメントがあります（図8.2）。

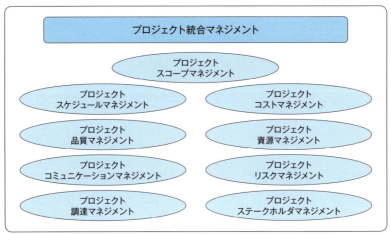

図8.2 10個の知識エリア

プロジェクト統合マネジメント

　他の9つのエリアで実施されるプロセスを取りまとめるプロジェクトマネジメントの中核です。他の9つのエリアは、プロジェクト統合マネジメントのサブタスクとしてとらえることができます。

プロジェクトスコープマネジメント

　ステークホルダが要求する成果物がどのようなものであるか、また、その成果物を創造するための作業の範囲を明確に定義するプロセスのエリアです。

プロジェクトスケジュールマネジメント

　プロジェクトを所定の時期に完了させるためのプロセスのエリアです。

プロジェクトコストマネジメント

　プロジェクトを進めるにはコストがかかります。プロジェクトに必要なコストを見積もり、予算を設定します。予算と実績に差異が生じた場合には対応策を検討します。

プロジェクト品質マネジメント

　ステークホルダの期待を満たすように、作業の進め方の品質（プロセス品質）と成果物に関する品質（プロダクト品質）を計画し、品質方針を組み込むプロセスです。

プロジェクト資源マネジメント

　プロジェクトを成功裏に完了させるために必要な資源を特定し、獲得し、そしてマネジメントするプロセスです。

プロジェクトコミュニケーションマネジメント

　プロジェクトに必要な情報を洗い出し、収集、作成、配布、保管、検索などを実現し、最終的な廃棄を適時かつ適切な形で確実に行うために必要なプロセスのエリアです。

プロジェクトリスクマネジメント

　プロジェクトに関するリスクマネジメントを計画し、リスクの特定と分析、対応計画を行い、リスクを監視し、対応処置の実行するプロセスに関するエリアです。

8.02 PMBOKの構成　239

プロジェクト調達マネジメント

　プロジェクトを進めるのに必要なプロダクト、サービスなどをプロジェクトチームの外部から購入または取得するために必要なプロセスのエリアです。

プロジェクトステークホルダマネジメント

　プロジェクトに影響を与えたり、プロジェクトによって影響を受けたりする可能性がある個人やグループまたは組織を特定し、ステークホルダの期待とプロジェクトへの影響力を分析し、ステークホルダがプロジェクトの意思決定や実行に効果的に関与できるような適切なマネジメント戦略を策定するために必要なプロセスのエリアです。

　PMBOKでは、注意するべき側面を見失わないように10のエリアに分解していますが、それぞれの知識エリアのプロセスは個々に進められるものではなく、相互に関与するものです。例えば、スケジュールマネジメントと、何を実現するのか、そのために必要な作業を定義するスコープマネジメントは、独立して行えるものではありません。プロジェクトの終了時期に強い制限があるのであれば、実現する範囲、作業の範囲を狭めるなどのバランスを取る必要があります。

プロセス群

　プロジェクトの時間軸を、PMBOKでは次の5つに分類しており、これをプロセス群と呼びます。プロセス群の時間軸の関係は図8.3のようになります。

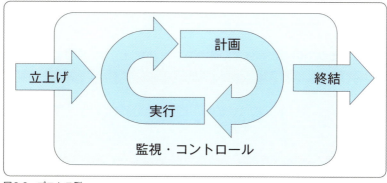

図8.3　プロセス群

　計画と実行がサイクルを描いていること、監視・コントロールがその外側に描かれることに注目してください。

　プロジェクトは、何が起きるのかを完全に予測することができない不確実性の高い業務です。計画通りに進むことを期待するのではなく、計画し、実行し、その状況を監視し、状況に合わせた変更が必要であることを前提としてください。

立上げ

　新しいプロジェクトの定義を行います。

　ステークホルダの期待とプロジェクトの目的を整合させ、ステークホルダに目標を伝え、ステークホルダがプロジェクトと関連するフェーズに参加することがステークホルダの期待の達成にどのようにつながるのかを議論します。初期のスコープが定義され、初期の財源が確保されます。プロジェクトの全体的な成果に影響を与えるステークホルダが特定されます。

計画

　プロジェクトに必要な作業全体のスコープを特定し、目標の定義と洗練を行います。その目標を達成するのに必要な一連の作業が何かを限定します。

実行

　計画した作業を完了させるために実施します。

監視・コントロール

　プロジェクトの進捗やパフォーマンスを追跡し、レビューし、調整します。計画の変更が必要な分野を特定し、必要に応じて変更を行います。

終結

　プロジェクトを正式に完了または終結するために必要な作業を行います。

フェーズ

　あるプロジェクトにおいて、上記の一連のプロセス群を複数回に分けて実行する場合があります。特に、大きなプロジェクトの場合には、いくつかの小さな単位に区切ってマネジメントを行います。ウォータフォール型開発モデルのプロジェクトであれば、要件定義フェーズ、外部設計フェーズというように区切ります。

PMBOKのプロセスマップとテーラリング

いろいろやることが多すぎて大変そうです

　良いことに気づきましたね。それでは、テーラリングの説明をしましょう。

　PMBOKで定義された47のプロセス群を、知識体系の軸およびプロセス群としての軸でどこに対応するかを整理したものが表8.1です。

　例えば、プロセスの立上げで実行されるのは、プロジェクトマネジメント統合プロセスの1プロセスである、プロジェクト憲章の作成と、プロジェクトステークホルダマネジメントの1プロセスである、ステークホルダの特定となります。

　プロジェクトマネジメントを実施する際には、これら標準的な知識体系を基に、プロジェクトの独自性に合わせ、カスタマイズする必要があります。これをテーラリングと呼びます。

　統合マネジメント以外の側面である、知識エリアのプロセスの実行に強弱をつけたり、各プロセスに適用できる技法やツールの取捨選択をしたりします。また、PMBOKでは取り上げられていない、組織内の専門家によって開発された、あるいは、ベンダから購入された技法やツールを採用する場合もあるでしょう。

表8.1　プロジェクトマネジメント・プロセス群と知識エリアの対応表

知識エリア	プロジェクトマネジメント・プロセス				
	立ち上げ プロセス群	計画プロセス群	実行プロセス群	監視・コントロール プロセス群	終結プロセス
プロジェクト 統合マネジメント	プロジェクト検証 の作成	プロジェクトマネジ メント計画書の作 成	プロジェクト作業 の指揮・マネジメ ント プロジェクト知識 のマネジメント	プロジェクト作業 の 監 視・コント ロール 統合変更管理	プロジェクトや フェーズの終結
プロジェクト・ スコープ・ マネジメント		スコープ・マネジ メントの計画 要求事項の収集 スコープの定義 WBSの作成		スコープの妥当性 確認 スコープのコント ロール	
プロジェクト・ スケジュール・ マネジメント		スケジュール・マ ネジメントの計画 アクティビティの 定義 アクティビティの 順序設定 アクティビティの 所要時間の見積 り スケジュールの作 成		スケジュールのコ ントロール	
プロジェクト・ コスト・ マネジメント		コスト・マネジメン トの計画 コストの見積り 予算の設定		コストのコントロー ル	
プロジェクト 品質マネジメント		品質マネジメント の計画	品質のマネジメン ト	品質のコントロー ル	
プロジェクト 資源マネジメント		資源マネジメント の計画 アクティビティ資 源の見積り	資源の獲得 チームの育成 チームのマネジメ ント	資源のコントロー ル	
プロジェクト・ コミュニケーション・ マネジメント		コミュニケーショ ン・マネジメントの 計画	コミュニケーション のマネジメント	コミュニケーション の監視	
プロジェクト・ リスク・ マネジメント		リスク・マネジメン トの計画 リスクの特定 リスクの定性的分 析 リスクの定量的分 析 リスク対応の計画	リスク対応の実行	リスクの監視	

知識エリア	プロジェクトマネジメント・プロセス				
	立ち上げプロセス群	計画プロセス群	実行プロセス群	監視・コントロールプロセス群	終結プロセス
プロジェクト調達マネジメント		調達マネジメントの計画	調達の実行	調達のコントロール	
プロジェクト・ステークホルダー・マネジメント	ステークホルダーの特定	ステークホルダー・エンゲージメントの計画	ステークホルダー・エンゲージメントのマネジメント	ステークホルダー・エンゲージメントの監視	

出典：PMBOKガイド 第6版（Project Management Institute）／表1-4 プロジェクトマネジメント・プロセス群と知識エリアの対応表

8.02 PMBOKの構成 245

Chapter8 03 プロジェクトのライフサイクルと開発プロセスの関係

　プロジェクトのライフサイクルとは、そのプロジェクトの開始から完了までに経過する一連の活動を指します。プロジェクトライフサイクルはいくつかのタイプに分けることができます。

予測型

　プロセスの立上げを行い、計画フェーズで大部分の計画を事前に立て、順次プロセスを実行していくアプローチを採ります。

　最初に、スコープ、つまり要求する成果物が何かおよびそのための作業の範囲を明確にします。そして、その作業を実施するスケジュール、コスト、他について見積もりを行い確定します。計画以後、スコープの変更は、すべての計画の変更につながるため、慎重に行われます。

　ウォータフォール型開発モデルは、このアプローチに沿ったものです。各工程をプロジェクトのフェーズとして実施する場合には、プロジェクトマネジメントのライフサイクルは図8.4のようなイメージになります。

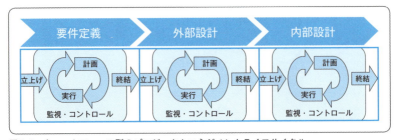

図8.4　ウォータフォール型のプロジェクトマネジメントライフサイクル

適応型

　プロジェクトのおおよそのスコープはプロダクトの初期に設定しますが、1回あたりの実現範囲を絞り込み、プロセスを反復することにより実行します。少しずつ完成した成果物を顧客に提供し、フィードバックを受けることで、成果物および作業を改善し修正するため、反復のたびに実現する成果物、そのための作業、スケジュール、コストを見積もります。

　アジャイル型開発モデルは、このアプローチに沿ったものです。本書で取り上げたスクラムでは、初期に構築するプロダクトバックログでおおよそのスコープを設定し、スプリントごとのスプリントプランニングで、そのスプリントの実現範囲を決め、作業を洗い出し、作業時間の見積もりを行います。このとき、プロジェクトライフサイクルは図8.5のようなイメージになります。

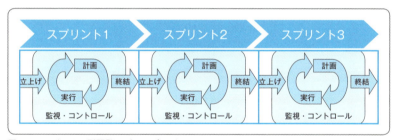

図8.5　アジャイル型開発モデルのプロジェクトライフサイクル

　ディリースクラムでの状況の確認をはじめとして、随時、見直しが行われます。

不確実性のモデルとプロジェクトライフサイクルの選択

　プロジェクトにより、プロジェクトの要求事項と、その要求をどのよ

うな技術で実現するかについての不確実性は異なります。これらの不確実性は、プロジェクトでスコープの変更が高確率で発生する、あるいは、プロジェクトが複雑化する原因となります。図8.6は、この特性を図示したものです。

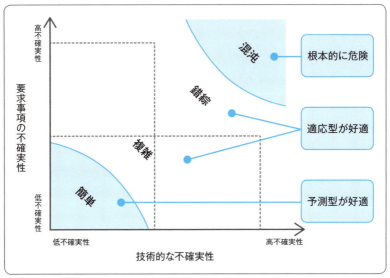

図8.6　不確実性とプロジェクトライフサイクル
※出典：アジャイル実務ガイド（Project Management Institute）／図2.5.ステイシー複雑性モデルに触発された不確実性と複雑性のモデル（本書説明に合わせ、図内表記「適応型手法」を「適応型」に、「線形型手法」を「予測型」に変更）。

　プロジェクトの不確実性が低い場合には、事前に予測が立てやすく、計画の変更や手直しが起きにくいと考えられますので、予測型（ウォータフォール型開発モデル）のプロジェクトライフサイクルが適しています。
　一方、プロジェクトの不確実性が増加するにつれ、予測するべき範囲を限定するため、1回の実現量を小さくし、フィードバックによりその予測が正しかったかを検証しながら作業を進める、適応型（アジャイル型開発モデル）のプロジェクトライフサイクルが適していることになります。

表8.2は、予測型と適応型のプロジェクトライフサイクルの特徴をまとめたものです。

表8.2　予測型と適応型

予測型（ウォータフォール型）	適応型（アジャイル型）
要求は、開発に先立ち事前に確定する	要求は、プロジェクトの期間中、随時確定する
プロジェクトの最後に1回のみ、最終製品を提供する	動くソフトウェアが、プロジェクトの期間中、頻繁に提供される
変更は、可能な限り制限する	変更は、随時反映される
ステークホルダは、プロジェクトの特定のマイルストーンのみに関与する	ステークホルダは、プロジェクトの期間中継続して関与する

ただし、システム開発のプロセスの選択では、発注者、開発者それぞれの組織文化や、チームの経験や、プロジェクトの形態、それぞれのプロセスへの習熟度などを組み合わせて決定する必要があります。

演習課題

　職場のプロジェクトマネジメント方法を調査し、PMBOKに対応している部分と対応していない部分を整理しましょう。対応していない部分については、その原因を考察しましょう。

第4部　プロジェクトマネジメント

第9章
セキュリティ

システムのセキュリティを確保するには、システムそのもののセキュリティ機能だけではなく、開発プロセスのセキュリティにも配慮する必要があります。この章では、それぞれのセキュリティについて説明します。

Chapter9 01 システム開発におけるセキュリティ

セキュリティの2つの視点

随所で細心の注意が必要なシステム開発に、最近新たに配慮が求められることが増えました。それはセキュリティです。本章ではそのお話をしましょう。

セキュリティとは一般に「価値あるものを守り、維持すること」と言われています。わが家の財産を守る警備システムをセキュリティシステムと呼ぶことや、要人の身辺警備をする人をセキュリティポリスと呼ぶことからも、この言葉の意味は容易に想像できるでしょう。

システム開発でのセキュリティは
何を意味するのでしょうか？

システム開発のセキュリティには、大きく2つの視点があると言われています。1つはプロダクトのセキュリティ、そしてもう1つは開発プロセスのセキュリティです。

プロジェクトのセキュリティ

　プロダクトのセキュリティは、開発するシステム自体を対象として、価値あるものを守り、維持することに配慮するという視点です。例えば、インターネットバンキングのシステムなら、本来必要な貯金データの処理に加えて、他人のIDやパスワードを使った不正引き出しや、ネットワークを介したシステムへの攻撃を防ぐ仕組みも備えていなければなりません。

　これらは銀行業務の一部ではありませんが、価値あるものを守り、維持するために、システムに求められる機能です。そこでシステムの設計やテストも、これらの点を考慮しながら行います。

開発プロセスのセキュリティ

　一方、開発プロセスのセキュリティは、出来上がったシステムではなく、システム開発の各工程で作られる、各種の文書やデータがその対象となります。

　一般に、各種の設計書やソースコードには、顧客の業務ノウハウや企業秘密がたくさん含まれています。万一それが流出すると、企業経営に重大な影響を及ぼす危険性があるため、積極的に守る必要があります。

　また、設計文書やソースコードから読み取ったシステムの内部構造は、システムを攻撃するための格好のヒントになる場合があります。

　これら2つの理由から、開発プロセスのセキュリティについても、プロダクトのセキュリティと同様に十分な配慮が求められます。以降では、これら2つのセキュリティの実現方法について、具体的に説明します。

Chapter9

02 プロダクトのセキュリティ

プロダクトのセキュリティ項目

　プロダクトのセキュリティは、開発工程の上流である要件定義や外部設計の段階から考慮し始めるのが理想的です。具体的に考慮すべきポイントは、総務省が主管で作成した「業務・システム最適化企画指針（ガイドライン）」が参考になります。

　表9.1は、設計段階で考慮すべきセキュリティ項目を表しています。これらの項目を設計段階から考慮しておけば、一般的なシステムで必要になる項目は、おおむね抜けなくカバーできると考えてよいでしょう。

　各項目において具体的にどのような手法を採用するかは、取り扱うデータに求められる機密性や、顧客が必要とするセキュリティのレベルに合わせて、個別に検討して決めていきます。

表9.1　設計段階で考慮すべきセキュリティ項目

番号	項目	意味
1	主体認証に関する要件	ユーザを識別するための認証方法をどうするか。（例：IDとパスワードでログインする、電子証明書を使うなど）
2	アクセス制御に関する要件	システム上の情報に対して、誰がどのようなアクセスを行えるのか。（例：重要なデータの読み書きはシステム管理者のみ許可など）
3	権限管理に関する要件	ユーザに対して、どのような形で権限を与え、どう管理するか。（例：システム管理者グループに属するユーザは、システム管理者の権限を有するなど）
4	監視・分析用アクセスログに関する要件	システムの利用状況監視や不正アクセスを分析するために必要なアクセス記録をどうするか。（例：Webサーバのアクセスログ形式、管理者権限でデータ書き換えを行ったユーザの記録など）
5	不正アクセスなどの監視要件（侵入検知システム（ネットワーク型IDS、ホスト型IDS）の種類、監視場所など）	ネットワークやサーバへの不正アクセス監視をどうするか。（例：侵入検知システム設置の有無、タイプ、設置位置など）
6	ファイアウォール設置に関する要件（ファイアウォールの種類（ハード型／ソフト型）、設置場所、冗長構成など）	外部ネットワークから組織内ネットワーク、あるいはその逆の通信の可否を制御するシステムであるファイアウォールについての検討。（例：ファイアウォールの種類、設置位置、必要な機能など）
7	ウイルス対策要件（クライアントPC、サーバごとの要件、ウイルス対策ゲートウェイなどの要件）	行うべきウイルス対策の全体像や具体的な方法をどうするか。（例：ウイルス対策を行う位置、ウイルス対策の内容など）
8	暗号化の要件（伝送メッセージ、データベース、外部連携データなど）	システム内外で暗号化を必要とする情報や部分の検討。（例：個人情報を扱う画面ではhttpsを使用する、データベースに格納する項目のうち個人情報は暗号化して格納するなど）

※業務・システム最適化企画指針（ガイドライン）を基に再構成して作成。

9.02 プロダクトのセキュリティ　255

セキュリティと利便性

　一般にセキュリティと利便性はトレードオフの関係にあり、セキュリティを高めると利便性が下がることが多くあります。そのため、設計工程の早い段階からセキュリティに関する項目について検討を行い、顧客との間で十分に認識を合わせておくことが大切です。

　「後になって必要なセキュリティを確保できる方法を追加したら、それに伴いシステムの利便性が下がってしまった。でも、顧客はそれを許してくれず、板ばさみになって苦慮している」というような話は少なくありません。

実装攻撃と耐タンパ性

　最近では、さらに一歩踏み込んだセキュリティが求められることがあります。それは「実装攻撃」と呼ばれる不正行為から、機密性の高いデータを守るためのセキュリティです。

　実装攻撃は、稼働しているシステムを物理的に改変したり、プログラムを動的または静的に分析したり、あるいは漏れ出している電磁波を読み取ったりして、システムの内部にしか存在しない機密データを読み出そうとする行為を指します。この実装攻撃から機密性の高いデータを守る性能を「耐タンパ性」と呼びます。

　まるでスパイ映画のような話ですが、現実に耐タンパ性への配慮が必要な場面が増えてきました。例えば、DVDは映像を暗号化して記録してあり、それを再生するには秘密の鍵情報が必要ですが、あるDVD再生ソフトを通してその鍵情報が漏れてしまいました。その結果、DVDの鍵情報は公知の状態になってしまい、暗号化の意味をなさなくなってしまった話などは、その代表例です。

　プログラムに耐タンパ性を与える技術には、表9.2のようなものがあります。

表9.2 プログラムに耐タンパ性を与える技術

名称	説明
自己インテグリティ検証	プログラムが自分自身の改ざんを検出し、改ざんされている場合は実行しない仕組み
自己書き換え	実行中のプログラムが、自分自身を書き換えることで、動作解析を困難にする
テーブルネットワーク型実装	データの暗号化や復号化の際に、メモリやファイルに秘密鍵が現れないアルゴリズム

　これらの技術はまだ発展途上で、今すぐ誰もが利用できるものではありませんが、今後、セキュリティ要件として設計時の検討が必要になる場面が増えることは間違いないでしょう。

　皆さんがシステムを設計する際には、こんな部分にも目配りをすると、より良い設計ができるはずです。

Chapter9

03 開発プロセスの セキュリティ

開発プロセスのセキュリティ項目

　同じセキュリティでも、開発プロセスのセキュリティは雰囲気がかなり違います。冒頭でも説明しましたが、開発プロセスのセキュリティでは、開発工程において、開発に関わる各種の情報をいかに守るかがテーマとなります。

　開発プロセスのセキュリティを向上させるためには、「ISO27001 情報セキュリティマネジメントシステム（ISMS：Information Security Management System）」の考え方が適用できます。ISMSでは、企業や役所などの組織が、情報の機密を守りながら同時に情報を活用するための、体制や具体策を規定しています。

　開発プロセスのセキュリティを向上させるためのポイントには、例えば表9.3に挙げたものがあります。これらのルールを着実に守ることによって、開発プロセスのセキュリティレベルを上げることができます。

表9.3　開発プロセスのセキュリティ項目

項目	考慮すべき点
保護区域と入退室	・機密情報を取り扱う区域を設定し、関係者だけがその区域に立ち入れるようにする ・開発用コンピュータ、プログラム、データはすべて保護区域内でのみ使用する　など
資産と装置の管理	・開発用コンピュータを、悪意を持った破壊、水漏れ、飲食、喫煙などから適切に保護する ・保護区域から持ち出すPCは許可を必要とする ・PCを破棄するときは決まった手順に従う　など
設備と自然災害	・停電などが少ない質のよい電源を確保する ・断線、ショート、盗聴などの危険が少ないケーブル配線を確保する ・自然災害発生時の対応をあらかじめ決めておく　など

258

項目	考慮すべき点
日常の情報管理	・不要な情報は机上から除去する ・PC画面は一定時間経過後にロックする ・プリンタ出力した用紙は直ちに回収する ・ホワイトボードや行き先表示板は第三者の目に触れないところへ設置する　など
媒体の保管と持ち出し	・指定された場所に指定された方法で保管する ・保管場所からの出し入れの履歴を記録する ・保管場所から持ち出した媒体は指定PC以外では使わない ・確実な識別のためにラベルを貼る ・倉庫は施錠する　など
媒体の複写	・媒体の無断での複写を禁止する ・複写するときは複写した履歴を記録する　など
媒体の移動や配送	・移動する媒体に書き込むデータは、パスワードを設定するか暗号化する ・鍵付きケースや開封痕が残るケースに格納して移動する ・信用できる運送企業に依頼する　など
媒体の導入と廃棄	・ウイルス感染などを防ぐため正体不明の中古媒体の使いまわしはしない ・外部から勝手に媒体を持ち込まない ・媒体内の情報が絶対に復活できない状態にして破棄する　など

※「媒体」には、外付けメモリ、CD、DVD、FDなどの記憶媒体のほか、資料、プログラム、データなどを印刷した紙類を含む

人間の行為にこそ注意

　表9.3を基に、USBメモリやPCの取り扱いを考えてみましょう。

　例えば、自分のUSBメモリを開発ルームに持ち込んでよいと思いますか？　答えはNOです。外部から勝手に媒体を持ち込むことは禁止されています。また、客先でシステムについて説明するために資料を持ち出す場合も、勝手にコピーして持ち出してはいけません。

　このようなルールを設けるのには、それぞれ理由があります。自分のUSBメモリの持ち込みを禁止するのは、外部からウイルスを持ち込む危険性と、逆にプログラム、データ、資料などが持ち出される危険性があるためです。また、資料の持ち出しに許可を要するのは、こっそり資料が持ち出されないようにするのと同時に、何か問題が起きた際、持ち出された資料を特定するというねらいがあります。

9.03 開発プロセスのセキュリティ　259

ここでは、表9.3にある項目の大部分が、人間の行為に対する節制であることに注意してください。これは開発プロセスのセキュリティが、人間の行動に大きく依存していることを意味します。

そのため、開発プロセスのセキュリティ向上には、開発メンバ全員が日ごろから定められたルールを確実に守ることが欠かせません。それにはルールを周知徹底するとともに、ルールを守ることが当たり前という雰囲気を作り出すことが重要になります。

ちなみに情報セキュリティの分野では、これに懲罰規定を組み合わせて、ルールを破らないための抑止力にするのが一般的です。しかし、開発プロセスのセキュリティ向上では、そこまでするかどうかはケースバイケースで判断すればよいでしょう。

演習課題

職場における開発プロセスのセキュリティ対策を調査し、本書で説明した内容と違いがあれば、違いとその理由について考察しましょう。

【参考文献】
e-Gov「業務・システム最適化企画指針（ガイドライン）」http://www.e-gov.go.jp/doc/optimization/index.html

松本勉、大石和臣、高橋芳夫「実装攻撃に対抗する耐タンパー技術の動向」（『情報処理』Vol.49　No.7、情報処理学会、2008年）

NTTコミュニケーションズ／著『新・情報セキュリティ対策ガイドブック』（NTTコミュニケーションズ、2004年）

おわりに

　冒頭のオリエンテーションで記載したとおり、企業という組織における開発技術者の育成を目標に、以下を研修目標として掲げました。

- ●自主的に考える姿勢を身につける
- ●チーム活動を通して、コミュニケーションを
  活発に行う姿勢を身につける
- ●ソフトウェア開発に関する基礎的な技術を身につけ、
  言葉によるコミュニケーションギャップを解決する

　企業の中では、異なる専門分野を学んできた各人がプロジェクトを形成します。その際、必要となるのは自主性と協調性です。自主性と協調性は相反するものととらえられがちですが、そうではありません。自主性とは決して、自分勝手な行動を意味するものではなく、組織にとって必要な「やるべきこと」を自分で適切に判断し、実行する力です。企業の開発プロジェクトでは、自主的に考え、組織の目標達成に向けて周囲と協調できることが求められます。

　本書は、要求の創出から受入テストまで、企業の開発プロジェクトの活動に沿って説明を進めました。受講者に「なぜ?」と立ち止まって考えてほしい内容については、途中、受講者に質問を投げかけるように工夫しました。実際のプロジェクト活動では、忙しさゆえ、なぜ?と立ち止まって考えるよりも、とにかく作業を先に進めたほうが、プロジェクトの品質 (Q)、コスト (C)、納期 (D) にとっては有効であると思う向きがあるかもしれません。しかし、なぜ?と考えることは、開発技術者にとってノウハウの蓄積となり、後々の作業品質の向上につながります。そのことを、本書を通して実感していただけたならば幸いです。

　また、2つとして同じプロジェクトは存在しません。あくまで本書に書かれた内容は一例です。皆さんには、本書を通して学習したソフトウェア開

発に関する基本知識を、実務へ適用、応用していく力を身につけてほしいと願っています。

本書が、企業の新人研修に広く活用されることで、多くのソフトウェア技術者が育ち、社会インフラとなった情報システムの質の向上につながることを祈っています。

最後になりましたが、本書の出版にあたり多大なご協力いただきました関係者各位に、深く感謝の意を表します。

著者一同

INDEX

【A】

a Working Conference on Software
　Engineering ································· 9
Agile Alliance ···························· 26

【C】

CRUD 図 ································· 93

【D】

DFD（Data Flow Diagram）········ 17, 54
　記述例 ································· 55
　構成要素 ··························· 54, 55
Done の定義 ························· 220

【E】

ER 図 ································· 91
　例 ································· 92

【I】

INVEST ································· 203
ISMS（Information Security
　Management System）··············· 258
ISO27001 情報セキュリティ
　マネジメントシステム ················· 258

【J】

Javadoc ································· 133
JUAS ································· 67

【K】

KPT ································· 224

【P】

PDCA ································· 187
PMBOK（Project Management Body of
　Knowledge）··························· 232
　構成 ································· 234
　知識エリア ··························· 237
　テーラリング ························· 243
　プロジェクトマネジメント・プロセス
　　群と知識エリアの対応表 ··········· 244
　プロセス群 ··························· 240
　プロセスマップ ····················· 243
PMBOK ガイド ······················· 232
Project Management Institute（PMI）
　································· 232

【Q】

QCD ································· 175, 182

【R】

RFP（Request For Proposal）··········· 71

【S】

SLCP ································· 42

【T】

TDD（Test-Driven Development）
　································· 28, 218

【U】

UML（Unified Modeling Language）
　································· 12, 46
　ダイアグラム ························· 47

INDEX　263

【V】

V モデル ················· 144, 161

【X】

XP（Extreme Programming）····· 26, 183

【あ】

アクター ······················· 48
アクティビティ図 ··········· 47, 50
　例 ························· 50
アジャイル型開発モデル ········ 25, 172
　QCD ····················· 183
　ウォータフォール型開発モデルとの
　　違い ····················· 181
　開発メンバの構成 ············· 188
　概要 ····················· 183
　プロジェクトライフサイクル ····· 247
　本書で解説する流れ ············ 184
　要件の抽出 ················· 196
アジャイル宣言 ················ 26
アジャイルのイテレーション ········· 26

【い】

移植性 ························ 67
　総合テストの観点 ············· 151
イテレーション ············· 27, 181
インクリメント ················ 185
インセプションデッキ ········· 184, 189
　エレベーターピッチ ············ 192
　種類 ····················· 190
　進め方 ···················· 193
　我われはなぜここにいるのか？ ·· 191
インタフェース ················ 19

【う】

ウォータフォール型開発モデル
　······················· 21, 58
　QCD ····················· 183
　アジャイル型開発モデルとの違い
　······················· 181
　開発の難しさ ················ 179
　外部設計 ··················· 86
　工程名称・区分の違い ·········· 41
　作成する文書と記述項目 ········· 43
　作成文書・記述項目一覧 ········· 44
　製造工程 ··················· 126
　内部設計 ··················· 106
　プロジェクトマネジメント
　　ライフサイクル ············· 246
　本書で想定する開発プロセス ······· 60
　問題点 ···················· 22
　要求定義と要件定義 ············ 61
受入テスト ··················· 159
　期間 ····················· 161
　合格後 ···················· 165
　合格しなかった場合 ············ 164
　効率よく実施する方法 ·········· 167
　実施例 ···················· 169
　大規模なシステムの〜 ·········· 166
　手順 ····················· 162
　目的 ····················· 159
受入テスト成績書 ··············· 165
運用 ······················· 22
運用性 ······················ 67
　総合テストの観点 ············· 151

【え】

エッジ ······················ 138

エディタ ……………………………… 127
エラー推測 ……………………… 147, 148
エンティティ …………………………… 91

【お】

オブジェクト …………………………… 12
オブジェクト指向 ……………………… 12
オブジェクト指向設計 ……………… 109
オブジェクト図 ………………………… 47
オフショア開発 ……………………… 134
音引き …………………………………… 38

【か】

開発計画書 ……………………………… 43
開発プロセス …………………………… 18
　〜のセキュリティ ………… 253, 258
　〜の役割と成果物 …………………… 19
開発モデル ……………………………… 21
　アジャイル型 ………………… 25, 26
　ウォータフォール型 ………… 21, 22
　スパイラル型 ………………… 23, 24
外部インタフェースの詳細設計 …… 111
外部設計 ………………………… 22, 86
外部設計書 ……………………… 43, 87
　記述項目と個別設計との対応 …… 97
　作成手順 ……………………………… 87
　〜に含める項目 …………………… 96
　例 ……………………………………… 98
　レビュー ……………………………… 94
画面の詳細設計 ……………………… 111
画面レイアウト ………………………… 89
下流工程 ………………………………… 20
管理技術 ………………………………… 11

【き】

技術要件 ………………………………… 67
　総合テストの観点 ………………… 151
気づきシート …………………………… 4
機能性 …………………………………… 67
　総合テストの観点 ………………… 150
機能要求 ………………………………… 65
　〜と非機能要求の範囲 …………… 67
境界値分析 ……………………… 147, 148
業務・システム最適化企画指針
　（ガイドライン） ………………… 254
業務全体像の理解 …………………… 185
業務フロー ……………………………… 88

【く】

句点 ……………………………………… 38
クラス図 ………………………………… 47
　例 ……………………………………… 48

【け】

結合 …………………………………… 146
結合テスト ……………………… 143, 146
　テスト項目 ………………………… 147
　目的 ………………………………… 146
ケプト ………………………………… 224
検収 …………………………………… 161

【こ】

効果性 …………………………………… 67
　総合テストの観点 ………………… 151
構成管理 ………………………………… 76
構造化 …………………………………… 10
構造化設計 ……………………… 16, 108
　メリットとデメリット …………… 109

INDEX　265

構造化プログラミング ……… 10, 109
構造化分析 …………………… 10, 16
構造図 …………………………… 46
効率性 …………………………… 67
　総合テストの観点 …………… 151
コーディング規約 ……… 128, 131
　規約を設ける理由 …………… 131
　〜で定めるルール …………… 132
　例 ……………………………… 133
コード化 ………………………… 90
コード設計 ……………………… 90
個別設計 ………………… 87, 110
コミュニケーション図 ………… 47
コンパイラ ……………………… 127
ゴンペルツ曲線 ………………… 157
コンポーネント図 ……………… 47
コンポジット構造図 …………… 47

【さ】
作業の標準化 …………………… 31
作業標準 …………………… 31, 33
サブシステムへの分割 ………… 89

【し】
シーケンス図 ………… 47, 48, 49
自己組織化 ……………………… 187
システムインタフェース設計 ……… 93
システム開発のVモデル ……… 144
システム開発の難しさ ……… 174, 175
システム提案書 …………… 43, 68
　〜の作成で意識すること ……… 69
実装攻撃 ………………………… 256
シミュレータ …………………… 152
障害処理票 ……………… 144, 167

障害抑制性 ……………………… 67
　総合テストの観点 …………… 151
仕様書 …………………………… 19
使用性 …………………………… 67
　総合テストの観点 …………… 151
状態図 …………………………… 53
状態遷移図 ……………………… 53
　例 ……………………………… 53
状態マシン図 …………… 47, 53
上流工程 ………………………… 20
処理ロジックの詳細設計 ……… 111
信頼性 …………………………… 67
　総合テストの観点 …………… 150

【す】
スクラム ………………… 26, 183
　メンバ構成 …………………… 189
スクラムマスター（SM）……… 189
スタブ …………………………… 141
ステークホルダ ………………… 64
ステークホルダ分析 …………… 64
ストーリ ………………… 27, 185
　書き方 ………………………… 198
　プランニングポーカーによる
　　見積もり …………………… 207
スパイラル型開発モデル ……… 23
スプリント ……………… 181, 185
　共同作業と見える化 ………… 211
　タスクボードによる
　　進捗作業の見える化 ……… 213
　デイリースクラムによる
　　情報共有 …………………… 212
　ペアプログラミング、
　　モブプログラミング ……… 211

スプリント計画 ·············· 28, 185
　第 1 部 ······························· 206
　第 2 部 ······························· 207
スプリントバックログ ····· 28, 185, 206
スプリントレビュー ················ 186, 219
　〜で確認すること ················ 219
スライス ····························· 201

【せ】

成果物 ·································· 36
製造 ···························· 19, 20, 22
製造工程 ······························· 126
　作業手順 ··························· 126
　ソースコードレビュー ··········· 127
　単体テスト ··············· 129, 136
　プログラミング ··············· 127
成長曲線 ······························· 157
セキュリティ ························ 252
　開発プロセスの〜 ··············· 258
　システム開発における〜 ········· 252
　実装攻撃と耐タンパ性 ············ 256
　〜と利便性 ························ 256
　プロダクトの〜 ················ 254
セキュリティ設計 ················ 113
設計 ······························· 14, 19
　進め方 ····························· 16
設計工程とテストの関係 ············ 143
設計書 ································· 19

【そ】

総合テスト ·················· 143, 149
　観点 ····························· 150
　終了後の受注側処理 ··········· 159
　テスト環境 ························ 152

テスト項目例 ························ 153
　目的 ····························· 149
相互作用概要図 ························ 47
ソースコード ························ 127
ソースコードレビュー ············ 128
促音 ···································· 40
属性 ···································· 91
ソフトウェア ························· 8
ソフトウェアエンジニアリング ······ 8, 9
ソフトウェア危機 ···················· 9

【た】

耐タンパ性 ··························· 256
　〜をプログラムに与える技術 ······ 257
タイミング図 ························· 47
タスク ································ 28
タスクボード ························ 213
単体テスト ··············· 129, 136
　フローグラフ ···················· 138
　フローチャート ················ 137
単体テスト計画書 ················ 139
単体テスト成績書 ················ 139

【ち】

知識エリア ··························· 237
チャート記法 ························· 46
帳票の詳細設計 ···················· 111
帳票レイアウト ····················· 90

【て】

提案依頼書 ··························· 71
デイリースクラム ··············· 186, 212
データ吸収 ··························· 54
データ源泉 ··························· 54

INDEX　267

データ交換仕様 ················· 93
データフロー ···················· 54
データフロー図 ·················· 54
テーラリング ···················· 243
デザインレビュー ················ 128
テスト ················· 19, 20, 22
　～と設計工程（上流工程）の関係 ·· 143
　複数ユーザが同時利用する
　　システムの～ ················ 151
テスト駆動開発（TDD） ··········· 28, 218
テスト工程 ······················ 143
　～で行うこと ·················· 145
テスト項目表 ···················· 154
デスマーチ ······················ 165
デバッガ ························ 127

【と】

同値分割 ························ 147
読点 ···························· 38
ドライバ ························ 140
トレース ························ 128

【な】

内部設計 ··················· 22, 106
　目的 ·························· 106
内部設計書 ················· 43, 106
　記述項目と個別設計との対応 ····· 115
　作成手順 ······················ 110
　～に記述する項目 ·············· 114
　例 ···························· 117
　レビュー ······················ 113

【の】

ノード ·························· 138

【は】

バージョン管理 ·················· 76
ハードウェア ···················· 8
バーンダウンチャート ············ 217
配置図 ·························· 47
バグ ······················ 19, 155
バグ累積曲線 ················· 155, 156
　～の落とし穴 ·················· 157
パス数 ·························· 138
バックボーン ···················· 200
パッケージ図 ···················· 47

【ひ】

非機能要求 ······················ 65
　～と機能要求の範囲 ············ 67
　～の分類 ······················ 67
非機能要求仕様定義ガイドライン ···· 67
品質保証 ························ 155
　指標 ·························· 155

【ふ】

ファイル（DFD） ················· 54
ファイル仕様 ···················· 93
物理データ設計 ·················· 112
ブラックボックステスト ·········· 146
　～の代表的技法 ················ 147
プランニングポーカー ············ 207
ふりかえり ······················ 186
　KPTによる～ ·················· 224
　～でやること ·················· 223
振る舞い図 ······················ 46
フローグラフ ···················· 137
フローチャート ·················· 50
　～で使用する記号 ·············· 51

268

例 ……………………………………… 52	進め方 ……………………………… 16
プログラミング ……………………… 127	
プログラムの部品化 ………………… 108	**【へ】**
プロジェクト ………………………… 234	ペアプログラミング …………… 28, 211
〜の時間軸 ……………………… 240	ベロシティ（Velocity）……………… 210
〜のセキュリティ ……………… 253	
〜の不確実性 …………………… 247	**【ほ】**
プロジェクト完了報告書 …………… 43	保守性 ………………………………… 67
プロジェクト計画書 ………………… 43	総合テストの観点 ……………… 151
プロジェクト知識体系 ……………… 233	ホワイトボックステスト …………… 136
プロジェクトライフサイクル ……… 246	
適応型 …………………… 247, 249	**【む】**
予測型 …………………… 246, 249	ムービングターゲット ……………… 23
プロジェクトビジョンの共有 ……… 184	
インセプションデッキ ………… 189	**【め】**
自己組織化 ……………………… 187	メッセージの詳細設計 ……………… 112
プロジェクトマネジメント … 232, 236	
プロセス群と知識エリアの	**【も】**
対応表 …………………… 244	モブプログラミング ………………… 211
プロジェクトマネジメント	
知識体系ガイド ……………… 232	**【ゆ】**
プロセス ………………… 42, 236	ユーザストーリ ……………………… 27
DFD ……………………………… 54	書き方 …………………………… 198
プロセス群 ………………… 237, 240	プランニングポーカーによる
プロダクトオーナ（PO）…………… 189	見積もり ……………………… 207
プロダクトのセキュリティ ………… 254	ユーザストーリ一覧 ………………… 27
プロダクトバックログ … 27, 185, 196	ユーザストーリマッピング … 185, 197
〜からタスクレベルへの詳細化 … 205	基本原則（INVEST）…………… 203
〜の作成 ………………………… 196	手順 ……………………………… 198
〜の見直し ……………………… 221	プロダクトバックログ作成時の
〜を作成する際の注意点 ……… 202	注意点 ………………………… 202
プロトタイピング ………………… 11, 24	ユースケース ………………………… 48
文書 ………………………………… 36	ユースケース図 …………………… 47, 48
分析 ………………………………… 14	例 ………………………………… 49

【よ】

拗音 40
要求 62, 65
要求定義 19, 20, 61
要求定義書 62
要求定義と要件定義 60
　〜で重要なこと 64
　〜との違い 62
　〜の関係 63
　〜を区別するコツ 64
要件 62
要件定義 19, 20, 22, 61
要件定義書 19, 43, 62
　記述項目とポイント 74
　記述例 78
　具体的なイメージ 76
　作成手順 72
用字と用語 36
　〜の統一 37
　分野による違い 38
　分野別の表記ルール 39

【ら】

ライブラリ 127

【り】

リクエスト処理の詳細設計 111
リレーションシップ 91

【る】

ルーティーンワーク 235

【れ】

レトロスペクティブ 223

〜を行ううえでの心構え 226
レビュー 128
レビュー表 95

【ろ】

ロジスティック曲線 157
論理データ設計 91

監修者紹介

川添 雄彦 (かわぞえ かつひこ)
日本電信電話株式会社 取締役 研究企画部門長

1987年日本電信電話株式会社へ入社。衛星通信システム、パーソナル通信システムの研究開発後、2003年より同サイバーソリューション研究所にて、放送と連携したブロードバンドサービスの研究開発を推進。2008年同研究企画部門担当部長コンテンツ流通チーフプロデューサー、その後、研究企画部門統括部長、同サービスエボリューション研究所長、同サービスイノベーション総合研究所長を歴任後、2018年より現職。一般社団法人映像情報メディア学会会長。博士（情報工学）。

著者紹介

飯村 結香子 (いいむら ゆかこ)
日本電信電話株式会社 ソフトウェアイノベーションセンタ

2001年日本電信電話株式会社へ入社。知識の再利用やサービス利用者の嗜好分析の研究開発に従事。2012年より、NTTソフトウェアイノベーションセンタにて、要求工学を中心にソフトウェア開発の上流工程の改善技術、手法の検討、およびソフトウェア工学に関わる研修・教育を担当。

大森 久美子 (おおもり くみこ)
日本電信電話株式会社 ソフトウェアイノベーションセンタ

1998年日本電信電話株式会社へ入社。入社以来、情報流通プラットフォーム研究所にて音声対話処理、ユーザインタフェースの研究開発に従事。2003年から4年間、株式会社NTTデータ技術開発本部にて、商用システムの開発支援を通して、ソフトウェアエンジニアリングの必要性を学び、NTTデータ社内の研修・教育に従事。その間、日本経団連情報通信委員会高度情報通信人材育成プロジェクトに参画。その後、ソフトウェアイノベーションセンタにてソフトウェア工学に関わる研修・教育を担当。現在は、NTTグループ内の業務分析、業務改善を担当。博士（工学）。

西原 琢夫 (にしはら たくお)
NTTテクノクロス株式会社

1980年日本電信電話公社に入社。入社以来、タイムシェアリングシステムやリアルタイムシステムを構成するミドルウェアの研究開発に従事。情報流通プラットフォーム研究所にて、アプリケーションプログラムの生産性向上を目的とした社内システム共通APIの設計とそれを実現するミドルウェアの研究開発、および社内システムへの適用を経験後、プロジェクトマネージャとして、クラウド基盤技術や、データマイニングの研究・マネジメントに従事。現在は、NTTテクノクロス株式会社 品質保証センター所長として、品質管理支援業務のマネジメントを担当。

装丁・本文デザイン　結城 亨（SelfScript）
イラストレーション　平松 慶
DTP　株式会社シンクス

ずっと受けたかった
ソフトウェアエンジニアリングの新人研修 第3版
エンジニアになったら押さえておきたい基礎知識

2018年12月12日　初版第1刷発行
2022年4月20日　初版第6刷発行

著　者　飯村 結香子
　　　　大森 久美子
　　　　西原 琢夫

監　修　川添 雄彦

発行人　佐々木 幹夫

発行所　株式会社 翔泳社（https://www.shoeisha.co.jp/）

印刷・製本　株式会社ワコープラネット

©2018 NTT Software Innovation Center

＊本書は著作権法上の保護を受けています。
　本書の一部または全部について（ソフトウェアおよびプログラムを含む）、
　株式会社 翔泳社から文書による許諾を得ずに、いかなる方法においても
　無断で複写、複製することは禁じられています。
＊本書へのお問い合わせについては、iiページに記載の内容をお読みください。
＊落丁・乱丁の場合はお取替えいたします。03-5362-3705までご連絡ください。

ISBN978-4-7981-5756-6
Printed in Japan